生活将时光分割成碎片，
我们用阅读将之弥合，
使之缓缓流过，停驻或成永恒

秘密

世界上最神奇的潜能开发训练

南怀苏 编译

立信会计出版社

图书在版编目（CIP）数据

秘密：世界上最神奇的潜能开发训练 / 南怀苏编译. —上海：立信会计出版社，2012.3

（时光文库）

ISBN 978-7-5429-3271-6

Ⅰ. ①秘… Ⅱ. ①南… Ⅲ. ①成功心理-通俗读物 Ⅳ. ①B848.4-49

中国版本图书馆CIP数据核字（2012）第043014号

策划编辑	蔡伟莉
责任编辑	蔡伟莉　何颖颖
封面设计	久品轩

秘密：世界上最神奇的潜能开发训练

出版发行	立信会计出版社		
地　　址	上海市中山西路2230号	邮政编码	200235
电　　话	（021）64411389	传　真	（021）64411325
网　　址	www.lixinaph.com	电子邮箱	lxaph@sh163.net
网上书店	www.shlx.net	电　话	（021）64411071
经　　销	各地新华书店		
印　　刷	北京彩虹伟业印刷有限公司		
开　　本	880毫米×1230毫米　　1/32		
印　　张	10		
字　　数	142千字		
版　　次	2012年3月第1版		
印　　次	2015年4月第4次		
书　　号	ISBN 978-7-5429-3271-6/B		
定　　价	18.80元		

如有印订差错，请与本社联系调换

前　言

秘密的发现

"或许您还记得起我,《金规则》杂志社的编辑拿破仑·希尔。

"在此,请允许我首先向您报告一个关于我个人的好消息:昨天我接到一个电话,电话里我得知自己被一家公司聘用。每个月只需要工作几天,而年薪却高达105 200美元。他们之所以愿意以这样的条件聘用我,是因为他们看中了我的想法,并且认为我的想法一定能给他们的公司带来巨大的积极影响。

"想必您已经知道……在我22岁的时候,还只是靠体力谋生,每天挣1美元的煤矿工人。"

上面这段话摘自一封感谢信,写信的人叫拿破仑·希尔,他要感谢的人叫查尔斯·哈奈尔。

拿破仑·希尔的名字我们早已耳熟能详,他是最伟大的励志成功大师,他创建的成功哲学和成功原则,以及他永远如火如荼的热情,鼓舞了千百万人。

改变拿破仑·希尔命运的是哈奈尔告诉他的一个神奇的秘密。

而且,有缘知道这个秘密的人,都成为了那个时代最伟大的智者。他们是伟大的领导人,是杰出的科学家、天才的艺术家、富有的企业家。他们的名字是:柏拉图、阿基米德、牛顿、莎士比亚、达·芬奇、雨果、贝多芬、林肯、爱迪生、爱因斯坦、安德鲁·卡内基、拉塞尔·康韦尔……

而现在,当你拿起这本书的时候,这个重大的秘密已经被你发现了!

世上的人千差万别——这一切差别都是性格使然——有的懦弱胆怯、优柔寡断、害羞内向,而有的坚强勇敢、胸怀壮志、热情开朗;有的由于恐惧即将到来的危险而过度紧张、焦虑烦躁,而有的人天生喜欢挑战,在与困难作战的斗争中永远是胜利者。

不是所有的性格都是天生的,很多都是持续努力的结果。医治的良方非常简单,用勇气、自强、自信的念头,取代那些无助、畏怯、贫乏的想法。如同白昼驱散黑暗一样,肯定而积极的想法必将摧毁消极的念头。

世上的事固然不能尽如人意,人们在实现美好的愿望通常步步受阻,然而,总会有这样或那样的办法克服阻力,让美梦成真。我们无法让社会来适应我们,只能改变自己以适应社会。改变自己并不难,因为,我们的身上隐藏着最神奇的潜能。

本书收录了有关这套潜能开发系统的三部经典著作:

《秘密》。这是一本集成功学、财富学、心理学于一体的著作,作者揭露了运行在宇宙间主宰人生的强有力的黄金法则,清晰明了地解析了如何运用这个法则,创造美满幸福的生活。这是有关一切的秘密,这个秘密将给你想要的幸福、快乐、健康和爱情。

《失落的致富经典》。这本诞生于100年前的奇书,最早向世人系统介绍了《秘密》这套潜能开发系统,它不仅预言了精神力量所能带给人类的巨大潜能,还给出了将精神力量转化人类行动和行为的具体方法。

《世界上最神奇的24堂课》。这是本书中最具操作性,也是最为经典的一部著作。内容包括如何摄取财富和如何确保心理健康等方方面面,缕析精透,无所遗漏,构成了一个完备的系统工程,向读者展示了每一个梦想实现和人生成就背后隐藏的秘密原则。认识到本书中不可思议的观念和方法的人,能够获得难以置信的优势,从而傲视群雄,成为精英之中的精英。人们传言,正是这本书使得比尔·盖茨毅然从哈佛大学辍学创业,并最终缔造了改变世界的微软公司。书中超前的观念、先锋的思想及强调开发内在精神力量的观点,甚至遭到教会的批判,并在20世纪30年代被列为禁书。

上述三部经典著作,一脉相承并互为补充,构成了一套卓有成效的潜能开发系统,其主旨是通过激发人的精神潜能,由内及外,重塑一个人的习惯、态度和行为,从而帮助人们实现自己的人生目标——幸福、健康和财富!100年来,所有掌握这个"秘密"的人都取得了巨大的成功。现在,它正在你的手中逐字展开……

目 录

卷一 《秘密》

　　这让我感到震惊!《秘密》就是这样一种能帮助你在人生中更有效、更能创造积极正面的当下的工具。

　　　　　　　　　　——美国著名主持人欧普拉

作者简介 ………………………………… 2
卷首语 …………………………………… 3

第一节　吸引力法则
关注什么吸引什么 ……………………… 5
欲望——获得财富的第一步 …………… 8
选择好的,不要吸引坏的 ……………… 12
从吸引小的事物开始 …………………… 15
不要停留在对过去的回顾中 …………… 18

第二节　财富的秘密

　　每个人都拥有致富的潜能 …………… 23

　　让思想的天平倾向富裕的一端 …………… 26

　　"给予"将把更多金钱带入生命 …………… 29

　　内在的财富才是永远的财富 …………… 32

第三节　影响力的秘密

　　上帝不会看轻卑微的人 …………… 36

　　你的职责在于填满自己 …………… 40

　　心灵越纯洁，力量越强大 …………… 43

　　天堂是自己构建出来的 …………… 46

第四节　爱的秘密

　　以爱和尊重对待自己 …………… 50

　　若要世人爱你，你当先爱世人 …………… 53

　　伤害他人，便是谋害自己 …………… 56

　　赞美和祝福世间的一切 …………… 59

第五节　思想的秘密

　　真正的财富是思想 …………… 64

　　真理永远只在你心中 …………… 67

　　在每一天反省自己的行为 …………… 70

　　别让已知阻断未知的去路 …………… 73

第六节　健康的秘密

　　消极情绪是滋生疾病的土壤 …………… 77

没有无法医治的疾病 ················ 80
健康的生命拒绝透支 ················ 83

卷二 《失落的致富经典》

如果你有幸读过《失落的致富经典》,却没有被洗脑,也没有成为富人,那可真是一件人生的憾事。

——福特汽车公司创建者亨利·福特

作者简介 ·························· 88
卷首语 ···························· 89

第一节 致富的"既定法则"
  致富学问如同算术一般精准 ·········· 91
  感恩定律:感恩让你更加富有 ········· 94
  积累定律:最终的胜利是此前成功的累积 ··· 97
  人脉定律:储存人脉胜过储存黄金 ······ 100
  创造定律:不要觊觎现成的钱财 ········ 103
第二节 致富是人生的权利
  致富的机遇不可垄断 ················ 107

穷人最缺少的财富是梦想 ………… 111
　　冒险与收获常结伴而行 …………… 114
　　致富并非去做他人做不成的事 …… 117
第三节　靠近财富才能拥有财富
　　致富,请先"财迷心窍" ……………… 121
　　认真描绘财富图景的细节 ………… 124
　　思维的僵化造成物质的困窘 ……… 128
　　善用自我暗示的强大驱动力 ……… 132
第四节　做个高效的行动家
　　找准定位:做最想做的事情 ……… 136
　　不要等财富来敲门 ………………… 139
　　随时付出,乐于付出 ……………… 142
　　保持简单,追求卓越 ……………… 145
　　让别人感觉到你总是在进步 ……… 149
第五节　最有价值的经验和忠告
　　价值不需要用牢骚来证明 ………… 153
　　享受金钱带来的幸福,而非金钱本身 … 157
　　做个驯钱师,不做守财奴 ………… 160
　　不必预支明天的烦恼 ……………… 163

卷三 《世界上最神奇的24堂课》

我目前所取得的成功及我在担任拿破仑·希尔学会会长之后的所有成就,完全归功于《世界上最神奇的24堂课》体系所制定的那些原则。正如书中所写的,一个人能在想象中创造的事情,没有什么是不能实现的。我们所需要的只是把蕴含在我们自身的所有潜在的力量激发出来。

——世界著名成功学家拿破仑·希尔

作者简介 ·················· 168
卷首语 ··················· 169

第1课　倾听来自心灵的声音 ·········· 171
第2课　每个人的心中都有一个沉睡的巨人 ··· 176
第3课　不做命运的顺民 ············ 183
第4课　强大的力量源自内心的和谐 ······ 189
第5课　处处有心皆教育 ············ 195
第6课　很多"不幸"只是我们的错觉 ····· 201
第7课　心灵在修行 ·············· 208
第8课　直面青春的情绪,情绪就会消解 ···· 214

第 9 课　不抱怨的世界，遇见更好的自己 …… 221
第 10 课　有人还没有开始尝试，就已经被自己淘汰 …… 226
第 11 课　没有穷困的世界，只有贫瘠的心灵 … 232
第 12 课　把真理变成习惯，就能保持最好状态 …… 237
第 13 课　忠于职守的力量 …… 242
第 14 课　越单纯的人越有力量 …… 251
第 15 课　看不到自己的独特，便只能平庸 … 257
第 16 课　发掘不尽的成功之源 …… 262
第 17 课　折磨你的人，是化了妆的天使 …… 267
第 18 课　承认糟糕的现实，并不有损自己的品格 …… 273
第 19 课　缩小自我便得安宁 …… 278
第 20 课　学会心绪能量的转化 …… 284
第 21 课　相信品行的魅力 …… 288
第 22 课　积极的思想就是一切 …… 292
第 23 课　你所得到的，都是你所关注的 …… 297
第 24 课　你对了，整个世界都对了 …… 302

后　　记 …… 306

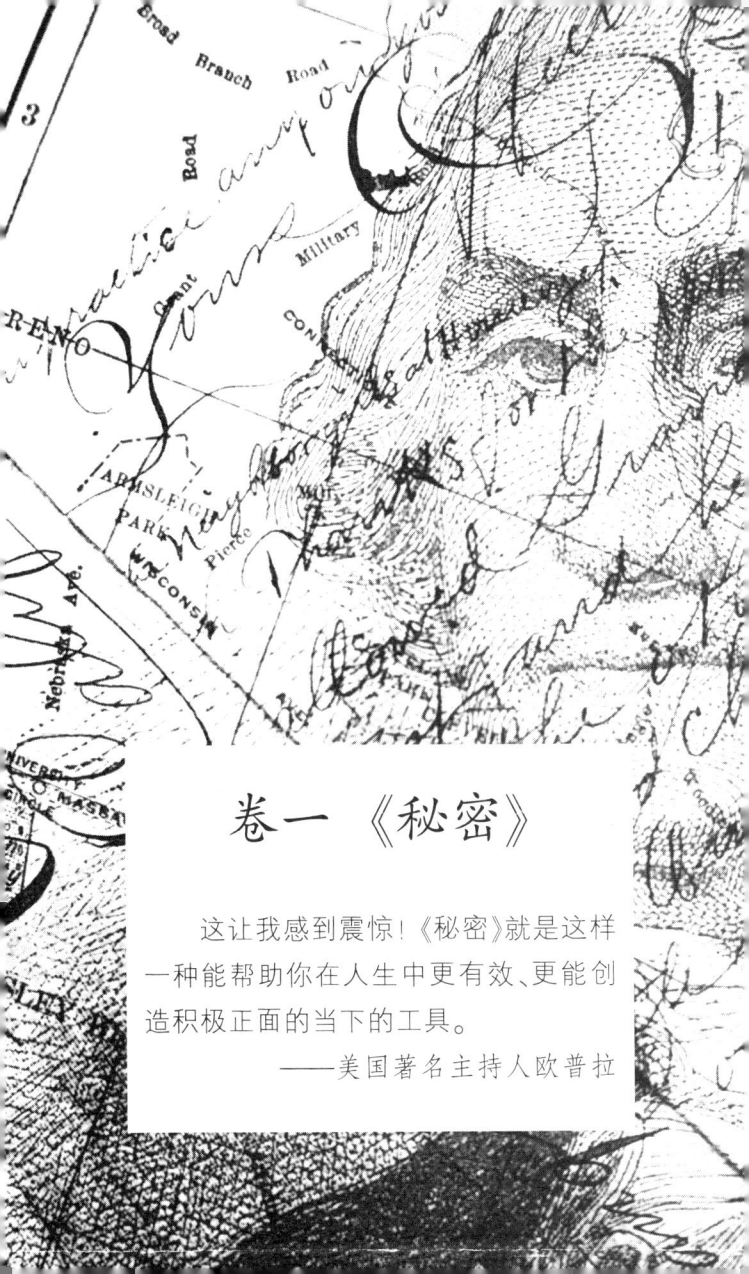

卷一 《秘密》

这让我感到震惊!《秘密》就是这样一种能帮助你在人生中更有效、更能创造积极正面的当下的工具。

——美国著名主持人欧普拉

作者简介

拉尔夫·沃尔多·川恩（Ralph Waldo Trine, 1866—1958），美国著名哲学家，是19世纪90年代开始于美国至今仍有很大影响的"新思想运动"(New Thought Movement)中成就最大的思想大师。

川恩1866年9月9日出生在伊利诺伊州，在威斯康辛大学和约翰Hopkins大学学习历史与政治学。他主张身、心、灵的修炼，致力于探索人生的真谛，引导人们过上宁静和富足的生活。他还在Pinienhains的边缘修建了一座属于自己的小屋，以示与自然的亲近，并崇尚简单而快乐的生活。

川恩一生出版了多部著作，目前已被翻译成20多种文字，畅销数百万册。他在年老时还笔耕不辍。他不慕财富和名望，以致很少有人知道他的名字，然而他的思想被很多人铭记，1858年，他在加利福尼亚安详地去世，享年92岁。

《秘密》是川恩的得意之作，出版后即畅销不衰，连维多利亚女王、珍妮特·盖纳、亨利·福特等都被这本书深深地吸引，而福特更是毫不讳言：没有《秘密》就没有自己日后的成就。

卷首语

在经济高速发展、人们的物质生活日益丰富的时候,有多少人认为自己很舒心、很幸福?

罗京、白岩松、崔永元都是深受人们喜爱和尊敬的媒体明星,笼罩在他们头上的光环不知让多少人为之崇拜和神往。然而谁会知道,崔永元曾经患过严重的忧郁症,白岩松在正式进入央视前夕,曾经一度陷入精神崩溃的边缘,而罗京坦诚自己所承受的巨大心理压力时,以往从不知情的妻子禁不住痛哭失声,他的英年早逝让多少人为之惋惜!

又有谁会知道,中关村那些科技精英,他们在获得巨大声誉和财富的同时,失去的是什么吗?失去的是健康,是快乐。几次调查表明,他们的寿命达不到全国的平均水平。这是多么大的遗憾啊!猝死的高管,早逝的精英,自杀的明星,早已给我们敲响了警钟!

为什么会这样?我们到底缺少了什么呢?

我们缺少的是勇气和思想。

优秀的人也许不需要太多的勇气,但他们内心深处却渴求勇气。因为,勇气是一种有创造性的、积极的精神。它不仅能够推动我们继续前行,克服不断出现的各种困难,还会令我们在人生旅途上做出更辉煌的成就。

卷一《秘密》

如果再辅以深邃的思想，我们就拥有了无尽的力量。思想是一切行动的源泉，它敏锐、活跃、具有创造性，可以根据自身的特性持续不断地构建、塑造我们的生活。生命必定遵循着思维的轨迹以这种方式延续下去。

勇气和思想使人能够从内部产生力量又能从外部汲取力量。现在就让我们敞开自我，武装我们的思想，增添我们的勇气，毫无畏惧地拥抱未来。

《秘密》所带给你的就是无限的勇气和开放的思想！

第一节　吸引力法则

关注什么吸引什么

这个秘密被用来吸引各式各样的事物——从一根特别的羽毛,到数以千万计的财富。

——《秘密》

我们都知道阿拉丁神灯的故事。当阿拉丁捧起神灯,轻轻拭去灯上的灰尘时,一个巨人从灯里钻了出来。无论阿拉丁说什么,那个巨人总是重复一句话:

"您的愿望,就是我的命令!"

大概没有谁不想得到这样一盏神灯,但却不必费心向外界寻找。其实我们可以把阿拉丁看做世上任何一个苦苦追求梦想的人,那么吸引力法则就是能帮人实现愿望的神灯。每个人的愿望,都会对吸引力法则发出指令,并最终变成现实。

吸引力法则和阿拉丁神灯一样,对我们有求必应。

吸引力法则其实非常简单,可以将其定义为"关注什么吸引什么",也就是说你内心最关注的事物最有可能出现在现实生活中,你最希望拥有的东西最后都会握在你的手里。

当然,这种观点可能会遭到其他人的质疑,看上去他们似乎也有不相信的充分证据:这个世界上人人都希望自己拥有财富、健康以及充实的生活,但并不是所有人都过上了幸福的日子。

事实的确如此,但这并不能证明吸引力法则的失效。因为当我们静下心来去分析那些最终未能如愿的人的想法时,就会发现他们并没有专注于如何去拥有那些他们希望得到的美好事物,而是专注于他们现在没有这些事物!如果你相信自己会成为一个富有的人,你就会腰缠万贯,如果你担心自己将一直贫困下去,你就会始终是个穷鬼;一旦你坚信自己能够做成某件事,就一定会成功,如果你一直因为前途的渺茫忧心忡忡,就很难实现突破。

曾经有一位撑竿跳的运动员,他一直苦练却无法跃过某一个高度。他失望地对教练说:"我实在是跳不过去。"

教练问他:"你心里在想什么?"

他说:"我一冲到起跳线,看到那个高度,就觉得我跳不过去。"

教练告诉他:"你一定可以跳过去。把你的心从竿上摔过去,你的身子也一定会跟着过去。"

他听从了教练的忠告,撑起竿又跳了一次,果然跃过了那个他曾经认为自己跳不去的高度。

"跳不过去"的念头是这个运动员心中的瓶颈,他因此无法超越困难,粉碎障碍。当他得到教练的点拨,克服了内心的畏惧,坚定了"我能跳过去"的想法时,他果然就跳了过去。这是吸引力法则发挥作用的一个简单的例子。

当然,吸引法则并不是"魔法",任何人都不能单凭幻想实现梦想,也不能在不停的想象中得到物质财富和个人成就。成功的实现还需要其他方法的辅助,这些方法会与吸引力法则一起帮助你获得你想要的。但如果你连自己想要什么都不清楚,连自己未来会成为怎样的人都不曾设想,又怎么能指望幸福会主动降临呢?

总之,吸引力法则是自然的法则,它是科学的,而非神秘的巫术。为了早日实现你的财富预期或成功梦想,你应该认真学习这门学问。

欲望——获得财富的第一步

当你专注在某个事物上——不论它是什么——其实你就是在呼唤它来到你的生命里。

——《秘密》

成功学大师卡耐基说:"欲望是开拓命运的力量,有了强烈的欲望,就容易成功。"因为成功是努力的结果,而努力又大都产生于强烈的欲望。正因为这样,强烈的创富欲望,便成为成功创富最基本的条件。如果你不想再过贫穷的日子,就要有创富的欲望,并让这种欲望时时刻刻鞭策你,激励你,让你向着这一目标坚持不懈地前进。

许多成功者都有一个共同的体会,那就是创富的欲望是创造和拥有财富的源泉。

安德鲁·卡内基没有受过什么教育,年轻时只能干一些锅炉工、记账员、电报业务办事员等最低层的工作。虽然卡内基勤奋并且机敏,还是没有人相信他会取得什么非凡的成就。

但是,卡内基具有强烈的致富欲望。他在少年时代就立下誓言:赚钱成为大富豪。当时美国处于动荡的战乱年代,他的梦想被人耻笑,并被人称为"可笑的野心家"。但正是在一种强烈的创富欲望的激励下,卡内基最终登上了美国"钢铁大王"的宝座。

一个人如果拥有强烈的渴望致富,就会调动自己的一切能量去追求创富,使自己的一切行动、情感、个性、才能与创富的欲望相吻合。对于一些与创富的欲望相冲突、相矛盾的东西,他会竭尽全力去克服、消除,对于有助于创富的东西,则会竭尽全力地去扶植、扩大。这样,经过长期的努力和调节,这个人就会成为一个他所渴望的创富者,使创富的欲望变成现实。相反,倘若创富的欲望不强烈,人们便很容易因为少许挫折而偃旗息鼓,致富的欲望也因此淡化或压抑下去。

很多成功人士的经历都可以证明,信心与欲望的力量可以将人从卑下的社会底层提升到上层社会,使穷汉变成富翁,使失败者重整雄风,使残疾人享有健康……欲望的力量就在于,它能使人在强烈的欲望冲动下,把那些不可能的事变成可能,把"自己不行"的卑微感彻底抛开,昂首阔步地走向成功。

强烈的欲望是符合吸引力法则的,当然,仅仅有欲望而不付诸行动也是不行的。每个人到了知道用钱的年龄时,都希望有钱。"祈求"不会带来财富,但是把"祈求"财富的心态变成坚定的意念,然后用计划明确的办法与手段去获得财富,并以永不言败的精神坚持这些计划,就能把欲望转变为财富。为此,你可以按照以下的步骤行事:

你心里要确定你真正所企求的财富的数量目标,仅说"我要很多钱"是不够的,数目一定要明确。

思考为了达到企求的目标,你决心付出哪些代价("不劳而获"的事情是不存在的)。

确定一个具体的日期,你决心何时"拥有"你所企求的目标。

拟订一个实现你欲望的明确计划,并且不论你是否已有准备,要立即开始将计划付诸行动。

将以上内容简明扼要地写下来,并写一份督促自己的誓词类的声明。

每天把这份声明大声地读两遍,一遍在晚上入睡前,一遍在早晨起床后。在你读这份声明时,你要想象、感觉到自己已经拥有了这笔财富。

欲望只是获得财富的第一步,你需要遵照这六个步骤的指示去做,特别重要的是,你要遵守和奉行第六个步骤中的指示。你也许会抱怨说,在你未实际达到这一目标之前,你不可能看见你自己的成就和财富,但这正是"炽烈的欲望"能帮助你的地方。如果你真的十分强烈地希望拥有财富,进而使你的欲望变成了充满你大脑的意念,你将会毫无困难地使你自己相信你会得到它。这样做的目的是要使你渴望财富,并且切实下定决心要得到它,最后你将可以使自己相信必会拥有它。

选择好的,不要吸引坏的

吸引力法则就是自然的法则。它是客观的,眼中没有好、坏的分别。它只是接收你的思想,然后以生命经验的形式,把这些思想回应给你。吸引力法则只是给你自己所想的东西罢了。

——《秘密》

"并不是付出就能有回报,关键在于你选择了什么。选择什么,你就会得到什么。"这是美国哈佛大学名师约翰·艾勒斯先生经常说的一句话,这句话可以很好地诠释朗达·拜恩在《秘密》中提出的吸引定律。

朗达·拜恩把吸引定律总结为八个字:"同频共振,同质相吸。"也就是说同样频率的东西会产生共振,同样性质的东西会互相吸引,这也是一种物理现象,更能证明吸引力法则的科学性。共振和吸引都会使两个事物最终走到一起,所以当一个人头脑中想到的美好事物与自然界中美好事物形成共振时,它们就会被吸引到一起,也就意味着你的想法变成了现实。同样,如果你的脑子里总是想一些不好的、消极的东西,这些坏念头就会把宇宙中不好的事物吸引到你身边。

因此,不论是在头脑中构想未来,还是现实生活中的实际选择,我们都必须谨慎对待,选择好的、积极的,不要吸引坏的、消极的。

杰克是美国一家餐厅的经理,他总是保持着非常好的心情。当别人询问他近况如何时,他总是有好消息告诉对方。

每次杰克换工作时,都会有许多服务生跟着他从这家餐厅换到另一家。员工们称杰克是个天生的激励者,他总有办法开导员工们发现生活中最美好的方面。

有人问他:"很少有人能够一直保持积极乐观的心情,你是怎么做到的呢?"

杰克回答说:"每天早上起床后我都会告诉自己,我今天有两种选择,可以选择好心情,也可以选择坏心情,我总是选择前者;当这一天发生了不好的事,我也有两种选择,从中学习、吸取经验,或者选择做个受害者、抱怨鬼,我仍然选择前者;有人跑来跟我抱怨,我仍然有两种选择,为他指出生命的光明面,或者陪他一起抱怨,我还是选择前者。"

生活中的大多数事情都像杰克所描述的一样,至少有两种选择。当你面对这些选择的机会时,不要犹豫,径直选择好的、光明的,抛弃坏的、阴暗的,就很容易获得愉悦的心情、融洽的人际关系、柔和且高尚的灵魂。

人生就像一条曲线,起点的出生与终点的死亡是不能选择的,但这两点之间存在无数个选择的机会。有的选择严峻地出现在何去何从、前途未卜的十字路口,这是人生决定性的时刻;有的选择只是如路边的繁花或飞舞的蜂蝶,似乎只是生命的点缀,但无论是哪一种,你都要认真对待,勇敢驾驭,径直选择那更好的东西,并且坚持它。

在这里,"最好"的东西应该是对你有价值、有助益的,你当然可以选择例如众口称赞、权力地位或物质享受等你认为好的东西,但同时也得注意所谓的"好"还必须符合宇宙间的客观法则,只有这样,你才能集中精力去热爱那些真正适合和属于你的善的事物,并按照正确的理性行事。

从吸引小的事物开始

从吸引小的事物开始,譬如一杯咖啡或停车位,是体验吸引力法则实际运作最简单的方式。以强烈的意图,吸引小的事物。当体验到自己拥有吸引的力量,你将前进创造更大的事物。

——《秘密》

尘埃是肉眼能见的事物当中很小的一种。与这茫茫宇宙相比,它们太过微小,甚至可以忽略不计,但是它们却能够创造令人瞠目结舌的奇迹。尘埃汇聚,既可以筑成千年古堡,也可以成为万年堤坝。埃及的金字塔,中国的长城,古巴比伦的空中花园,到处都有它们的影迹。尘埃的价值,体现在它生命中每分每秒,它们在沉默中证明着纵使再渺小的事物,也有其存在的价值。

吸引定律可以让一切小的东西毫不费力的茁壮长大,也能让小小的缺陷构成致命的破坏。任何毫无起眼的小的事物,都可能对人们的生活产生巨大的影响。当你为你的人生制定了宏伟的蓝图时,不要急于追求最后的结果,那些伟大的梦想都不是在一天之内完成的。弗洛伊德曾说:"人生就像对弈,一步失误,全盘皆输,这是令人悲哀之事;而且人生还不如弈棋,不可能再来一局,也不能悔棋。"谨慎起见,我们不妨从吸引小的事物开始。

梦想的力量总是由无到有,由小变大,由少到多,这中间需要一个渴望成功的人不断地努力与争取。

有一位牧师想建一座伊甸园一样的水晶大教堂,朋友问他预算,他坦率地说:"我现在一分钱也没有,重要的是,这座教堂本身要具有足够的魅力来吸引捐款。"教堂最终的预算为700万美元。大家劝他放弃这个不可实现的念头,但他却固执地开始拟定自己的募捐计划。

牧师在心中构想了这位教堂的模样,甚至默默地计算出了大概需要多少根柱子,多少面窗户。然后他拿笔在纸上写了九种募捐计划:寻找一笔700万美元的捐款;寻找7笔100万美元的捐款;寻找14笔50万美元的捐款;寻找28笔25万美元的捐款;寻找70笔10万美元的捐款;寻找100笔7万美元的捐款;寻找140笔5万美元的捐款;寻找280笔2.5万美元的捐款;寻找700笔1万美元的捐款。

思考之后,他觉得可能还是最后一种方案更加可行。他开始通过各种渠道进行求助宣传,希望那些富裕的人们能够捐出1万美元来帮他修建教堂,或者更少的钱也可以。他每天反复在头脑中想象着这座教堂的华美和庄严,并造了一座奇特而美妙的模型。30天后,他终于用这个模型打动了一位美国商人,得到了第一笔1万美元的捐款。

第40天,他收到了由一对老夫妇捐赠的第二笔捐款——2 000美元;第60天时,一位陌生人寄给他一张2万美元的支票。随后的三四个月中,他陆续收到很多捐款,数额不等,有几百美元,也有几十万美元。半年之后,一名捐款者对他说:"如果你的诚意和努力能筹到600万美元,剩下的100万将由我来支付。"

第二年,他以每扇500美元的价格请求普通人认购教堂的窗户,付款办法为每月50美元,10个月分期付清,6个月内,一万多扇窗户全部售出。

十年后,可容纳一万多人的水晶大教堂竣工,成为世界建筑史上的奇迹和经典,这座水晶教堂的所有花费已经超出预算,全部由牧师一人一点一滴募捐筹集。

当身边的人都认为700万是一个无法实现的天文数字时，这位牧师却坚持着自己的信仰,它把700万分解成数个更小的目标,然后将这些目标一一实现,终于建成了这座水晶教堂。吸引小的事物要比吸引宏大的事物更加容易,一根大头针很容易被磁铁吸引过来,但你不能奢望磁铁可以吸起一吨重的铁块。

凡是那些成功人士,都会把每一件小事看得很重要,这些小事实现起来比较容易,因此能给人信心,并促使人心中产生对未来更多更高的憧憬,而且很多小事也有重大的意义,它们可能会改变他人的看法,改变自己为人处世的原则,甚至改变自己的人生轨迹。

不要停留在对过去的回顾中

如果你回顾自己的生命,并把焦点放在过去的困境,只会为现在的自己带来更多的困境。一切都让它过去,不管它是什么。

——《秘密》

一味沉溺于过去对人们没有任何好处。对于过去发生的事情任何人都无能为力,又何苦因为不可挽救的遗憾郁郁寡欢呢?

过去的事情已经过去,无论成功或失败,无论得意或失落,都已成为昨天的记忆。明智的人,始终都能稳稳地掌控现在,而不会一直徘徊在无法挽回的过去中。过去的经验和教训、成果与辉煌都可以牢记于心,但人终归是要活在现在。

科尔觉得非常沮丧,由于在工作中接连出现失误,他没能完成上司交代的一项非常重要的任务。后悔与落寞的心情像一条绳索捆绑着他的心。于是,科尔决定去拜访他的朋友查尔斯。查尔斯是一名出色的心理医生,科尔希望能从他那儿得到帮助。

在查尔斯的诊所里,科尔倾诉了自己的烦恼。查尔斯并没有直接告诉他解决的方法,而是拿出了一卷录音带,塞进了录音机里。

"在这卷录音带上,"查尔斯说,"有三位病人的倾诉。当然我不会告诉你他们的名字,但是你要注意听他们的话,看看你能不能挑出这三个案例的共同因素。记住,只有四个字。"

科尔仔细地听了起来,录音带里的三个声音听上去都不怎么快活。第一个是男人的声音,他因为遭遇了生意上的损失而倍感烦恼;第二位女士因为长期照顾寡母,以至于一直未能结婚,她说自己在过去的十年间错过了很多次结婚的机会;第三位女士是位母亲,她的儿子在大街上与警察发生了冲突,正在接受惩罚,她因为没能管教好儿子而深感不安。

在这三个声音中,科尔听到他们一共六次用到四个文字,"如果,只要"。

"你一定大感惊奇。"查尔斯说,"我每天会听到成千上万用这几个字作开头的内疚的话。他们不停地说,直到我要他们停下来。有的时候我会要他们听刚才你听的录音带,我对他们说:'如果,只要你不再说如果、只要,或许我们就能把问题解决掉!'"医生停了一下,继续说:"这几个字不仅不能改变既成的事实,还会使我们朝着错误的方向走——向后退而不是向前进,这只是在浪费时间。如果你用这几个字成了习惯,它们就会变成阻碍你成功的障碍,成为你不再去努力的借口。"

"现在就拿你自己的例子来说吧。你的计划没有成功,为什么?因为你犯了一些错误。那有什么关系!每个人都会犯错误,错误能让我们学到教训。但是在你告诉我你犯了错误,而为这个遗憾、为那个懊悔的时候,你并没有从这些错误中学到什么。"

"你怎么知道?"科尔小声地为自己辩解。

"因为,"查尔斯说,"你没有脱离过去式,你没有一句话提到现在。从某些方面来说,你十分诚实,你内心里还以此为乐。我们每个人都有一点不太好的毛病,喜欢一再讨论过去的错误。因为不论怎么说,在叙述过去的灾难或挫折的时候,你还是主要角色,你还是整个事情的中心人……"

在查尔斯的开导下,科尔终于意识到,自己沉浸在过去错失的阴影中,还没有真正走出自我,没能用积极的态度去改变现在的处境。

就像查尔斯所说,一味沉湎于过去而否认现在和将来的人,总是爱用"如果"这一类没有实际意义的词汇。但是所谓的"如果"并不存在,也不能给他们带来任何心灵的慰藉和现实的解脱,反而容易陷入"怀旧"的病态中。

患了这种"怀旧病"的人,会丧失追寻新生活的自信。这种沉重的情绪不仅不能改变过去,反而会影响现在。做完每一天的事,就让这一天过去吧!只要你已经尽力,尽管可能仍会犯一些错误,但不要总是记挂于心。

以前的事情或许是美好的,或许是悲哀的,但无论如何你都不能把它们放在心灵的主祭台上,因为你不可能走进历史。不要在对过去的回顾中耽搁了前进的脚步,应该以积极的态度开始每天的生活。每天都对自己说:"这是一个新的开始,今天才是最美好最重要的一天。"并在这种默念中忘掉昨日的忧愁,带着希望上路。

第二节 财富的秘密

每个人都拥有致富的潜能

美好的事物永远也用不完,就算分配给每个人,还是绰绰有余,生命本来就是丰足的。

——《秘密》

每个人的身体里面,都潜伏着巨大的力量。只要你能够发现并加以利用这种力量,便可以成就你所向往的一切东西。如果能打开你心智的眼睛,看到你内在无限大的"宝库",你会发现在你周围就有无限财富。从你内心的金矿中,你可以取得所需的一切东西,进而使生活变得幸福、愉快和丰富。

世界上有很多平凡的人,他们体内同样有着巨大的潜能,但这些能量需要被人唤醒。一块有磁性的金属可以吸起比它重12倍的重量,但是如果除去它的磁性,它甚至连一根羽毛也吸不起来。人也是如此。有磁性的人从出生之时就意识到了自己的潜能,他们充满了信心,知道自己天生就是个胜利者、成功者;而另一种没有磁性的人,则充满了畏惧和怀疑。机会来时,他们却说:"我可能会失败;我可能会失去我的钱;人们会耻笑我。"所以,他们只能停留在原地。

人们应该争取成为有磁性的人,因为掌控你生命走向的力量就在你的体内,它也是亘古以来人们成功或致富依靠的主要力量——潜能。励志大师马丁·科尔讲过这样一个故事:

亚历山大图书馆被烧之后,只有一本书保存了下来,但这本书破破烂烂,看上去并不是一本很有价值的书。一个识得几个字的穷人花了几个铜板买下了这本书。书的内容很无趣,但是穷人却在其中发现了一个令他兴奋的东西——一条记载着"点金石"的秘密的羊皮纸。

点金石是一块小小的石子,它能将任何一种普通金属变成纯金。根据羊皮纸上的文字,穷人得知点金石就在黑海的海滩上,和成千上万的与它看起来一模一样的小石子混在一起。普通的石子摸上去是冰凉的,但真正的点金石摸上去很温暖。

于是,这个人变卖了他为数不多的财产,买了一些简单的装备,在海边扎起帐篷,开始寻找点金石。他知道,如果他捡起一块普通的石子并且因为它摸上去冰凉就将其扔在地上,就有可能几百次地捡拾起同一块石子。所以,当他摸着冰凉石子的时候,他就将它扔进大海里。

他这样干了一整天,却没有捡到一块温暖的石子。他又这样干了一个星期、一个月、一年、三年,还是没有找到点金石。

有一天上午,他捡起了一块石子,这块石子是温暖的,但是他随手就把它扔进了海里。

其实我们也和这个人一样,有多少次我们已经触摸到了这种巨大的力量却没有认出它?有多少次这种巨大的力量就握在我们手中而我们却把它扔掉了?仅仅是因为我们习惯了某种状态,并在这种惯性中丢掉了最重要的东西。

美国学者詹姆斯根据她的研究成果说:"普通人只发展了他蕴藏能力的1/10。与应当取得的成就相比较,我们不过是在沉睡。我们只利用了我们身心资源的很小的一部分,甚至可以说一直在荒废。"人的潜能就像故事中的点金石一样需要人们去发现、去开掘,一旦发现它,你就能瞬间拥有财富,这种巨大的能量一旦被引爆出来,将带给人无穷的信心和能量。

让思想的天平倾向富裕的一端

这张支票是给你的,来自宇宙银行,填上你的名字、金额及其他细节,然后把它放在显眼的地方,让你每天都看得到。

——《秘密》

杰克·坎菲尔是《心灵鸡汤》图书系列的策划者之一。他得到的第一张百万支票上画着一个笑脸,那是他的出版商付给他的《心灵鸡汤》第一集的版税,之所以画这个笑脸是因为这也是这位出版商开出的第一张百万美元的支票。

杰克以前是个穷人，他甚至认为一直生活在贫穷中才是自己的人生。直到他的同事克莱门·斯通告诉他他也可以成为富人。

按照斯通教给他的方法，杰克对自己说："我想在一年内赚10万美元。"虽然他并不清楚怎样做才能实现这个目标，但是他还是按照斯通所说的，每天重复这样的话，并让自己相信一年后这个目标就会成为现实。除此之外，他还把一张纸钞改成10万美元贴在了天花板上，每天早上醒来，他第一眼就会看到这张支票，并想起自己的目标。

很快，杰克的思想完全被这10万美元占据了，他甚至一点都没想起自己当时年收入只有8 000美元的现实。就这样过了大约一个月，某天杰克突然想到："如果我能把已经完成的第一本书卖出40万本，我就能得到10万美元的收入。"但是他仍然不知道如何才能卖出这40万本书。

一天他去超市时看到了货架旁的《国家询问报》，他想：如果能让这份报纸的读者知道这本书，一定会有40万人来购买它。

这个想法虽然很不错，但杰克连一个与这家报社有关的人都不认识。他依然每天抬头看天花板上的10万纸钞,直到6个星期之后的一次演讲之后,一位女士走过来要求采访杰克,杰克接过她的名片发现她居然是为《国家询问报》写报道的自由作家。

就这样,杰克实现了10万美元的梦想。在此之后,他又用同样的方法实现了100万美元的想法。

这是《秘密》中所讲述的一个真实的故事,杰克一心专注于10万美元的梦想,并最终实现了它。这个故事令《秘密》的作者非常感兴趣,他们甚至在《秘密》的网站上提供空白支票,让人免费下载,以把自己的财富梦想写在上面,每时每刻关注它。

当杰克只想到自己贫穷的现实时,他一直都是个穷人,一旦他开始憧憬富裕的生活,并坚信自己一定能通过某种方式获得财富时,他真的成功了。这充分说明了当人们的思想倾向于富裕的一端时,就能改变困境,获得财富。这就是吸引力法则在财富领域发生作用的证明。

一个人如果想要吸引金钱,就应该专注于富裕,如果他成天到晚想的都是自己的不足,都是自己没有足够的钱去买一样东西,就不可能得到比当时更多的财富,已拥有的金钱甚至也会因此流失,因为这时候他头脑中都是消极的想法,也会将宇宙中那些"不足"的信息吸引过来;如果把注意力集中在金钱的充裕上,它就有可能变成现实。

"给予"将把更多金钱带入生命

"给予"是把更多金钱带进你生命里的强效方法,因为在给予的时候,你等于是在说"我有很多"。

——《秘密》

在《秘密》中有一条很重要的财富法则,那就是舍财得财。与他人分享金钱,全心给予是最美好的事情之一,所以世界上那些最有钱的人大多都是最伟大的慈善家。当他们捐出庞大的钱财时,实际上是在对自己也对宇宙说:"我有很多。"

他们怀着这种想法并将财富给予他人,依据吸引力法则,他们会由此得到乘以数倍的财富的回馈。其实,那些富人大多在获得足够的财富之前,就已经自觉地按照舍财得财的法则做事了。

一天夜里,已经很晚了,一对年老的夫妻走进一家旅馆,他们想要一个房间。前台侍者回答说:"对不起,我们旅馆已经客满了,一间空房也没有剩下。"看着这对老人疲惫的神情,侍者又同情地说:"但是,让我来想想办法……"

后来,好心的侍者将这对老人引领到一个房间,说:"也许它不是最好的,但现在我只能做到这样了。"这间房子虽然比较小,但是又整洁又干净,老人很满意,就愉快地住了下来。

第二天,当他们来到前台结账时,侍者却对他们说:"不用了,因为那个房间其实是我自己的,所以你们不用付钱给我——祝你们旅途愉快!"

老人这才知道,原来这位侍者自己一晚没睡,在前台值了通宵夜班。

他们十分感动,说:"孩子,你是我们见过的最好的旅店经营人。你会得到报答的。"侍者笑了笑,说这算不了什么。他送老人们出了门,转身接着忙自己的事,并很快把这件事情忘了。

不久之后,这名侍者接到了一封信函,打开之后,里面竟然有一张去纽约的单程机票,并有简短附言,聘请他去做另一份工作。他乘飞机来到纽约,按信中所标明的路线来到一个地方,抬眼一看,一座金碧辉煌的大酒店耸立在他的眼前。

原来,几个月前的那个深夜,他接待的是一个有着亿万资产的富翁和他的妻子。富翁为这个侍者买下了一座大酒店,并深信他会成为一名优秀的酒店管理者。

这个侍者,就是全球赫赫有名的希尔顿饭店的首任经理。

常言道,"送人玫瑰,手留余香"。这名年轻的侍者并没有多余的房间,但他宁肯自己通宵不睡,也希望这对老人能够在劳累的旅途中得到很好的休息。正是这种"给予"的精神使他最终得到了获得财富与地位的机会。

给予,即是爱。它比占有、获取更容易吸引财富,因为它传达出的是充足富裕的信息。

给予的方式有很多种:有条件的,无条件的;有限的,无限的;忘我的,为我的;精神的,物质的;等价的,不等价的;先给后取的,先取后予的。精神的理解与鼓励,物质的互相馈赠都可以作为给予的内容。只要你向外传递的是积极的、善的信息,给予就会比接受带来更多的财富和幸福,就像莎士比亚所说:"慈悲不是出于勉强,它像甘露一样从天降下尘世,它不但将幸福给于受施的人,也同样将幸福给于给予的人。"

内在的财富才是永远的财富

亲善的行为、高洁的品质、觉醒的灵魂、无欲无求的人生态度,这些才是我们真正的永远的财富。

——《秘密》

现代社会的大多数人追求的大都是物质上的财富,但如果你仔细思考就会发现:这些东西不一定是我们最好的选择。

金钱固然是得到幸福的途径,但并不是通往幸福的唯一选择。如果一个人把金钱当做了幸福的全部,那么看似他占有着财富,实际上他已经被财富所控制了,他会穷尽一生追求金钱,永远不会感到富裕和满足;然而,如果他能参透人生的真谛,有节制有原则的追求和享用金钱, 不再贪恋功名利禄——人与物质世界联系的纽带——就能真正的摆脱穷困感。

生活中还有很多能够给我们带来幸福感的东西:比如亲善的行为、高洁的品质、觉醒的灵魂、无欲无求的人生态度,这些内心的财富比物质的充盈更容易让人满足。

一位成功的商人去世之后留给了妻子数亿美元的家产,但是这位老妇人却过着孤独寂寞的生活。她很少出门,终日里表情严肃,家中的佣人甚至从来不敢抬头看她。

某一天,当老妇人坐的车经过纽约百老汇的一家鞋店旁边时,她透过车窗看到一个小男孩正站在橱窗外,那背影似乎都能流露出某种专注。一瞬间,似乎有种神奇的魔力攫住了老妇人的心,于是,她让司机把车停在路边,下车走了过去。

这是一个寒冷的冬日,这个10岁左右的小男孩光着脚,隔着橱窗呆呆地往里面看,身子因为寒冷而不住地颤抖。

老妇人走近男孩,问道:"小家伙,你这么认真地在看什么?"

"我曾经请求上帝赐给我一双鞋子,我想知道这里面有没有。"男孩回答。

看着男孩脚上的冻疮,老妇人心中一动。她牵起他的手,走进店内,让店员给男孩拿来半打袜子,然后她又问店员,可否打来一盆热水,再拿一条毛巾。店员欣然照办了。她把小家伙带到店堂后面,脱下手套,跪下,将男孩的脚放进热水里,为他洗脚,然后用毛巾擦干。

这个时候,店员拿着袜子回来了。女士取出其中一双为孩子穿上,又为他买了一双鞋,再把剩下的几双袜子包起来交给男孩。

在鞋店门口,老妇人拍着小男孩的头说:"亲爱的孩子,你现在觉得舒服一点儿了吗?"

当她正要转身离去的时候,小男孩在后面拉住了她的手,抬头注视着她的脸。

他的眼中含着泪水,用颤抖的声音问这位女士:"你是上帝的妻子吗?"

刹那间,长久以来面无表情的老妇人突然落下了眼泪。

这位老妇人不过做了一件特别简单的事情,却被纯真的孩子称为"上帝的妻子",对于她来说,这是令人多么心酸却又幸福的事啊!

如此看来,那些把自己拥有的财富仅仅当作个人财富的念头是多么愚蠢。耗尽一生精力追求而来的物质财富并非只是为了个人的享受,与其在临死之时带着遗憾而去,不如在有生之年把这些物质的财富转化为内心的珍宝。镌刻在棺木上的珍珠玛瑙远不如一句赞美的墓志铭更有意义!每个人都只是物质财富的管家,作为管家只要做到物尽其用就好了。因为如果不让金钱发挥作用,那么它们就会白白从你手中溜过,不留一点痕迹。所以如果你拥有足够的财富,你大可以在冬天向一个赤脚的孩子送上一双能够保暖的新鞋,你失去的是对自己来说微不足道的一点金钱,得到的却是他人的感恩和上帝的赞许。

一个认清了生命本质的人从不会热衷于囤积财富,对他来说,工作的目的只是为了有所建树而已。这样的人知道外在的财富都是过眼浮云,而内在的财富才是永远的财富。精神与物质两者孰重孰轻?是追求万贯家财还是寻求内心的宁静?只有参透人生的人才能给出适当的答案。

卷一 《秘密》

第三节　影响力的秘密

上帝不会看轻卑微的人

你必须想着富足、看着富足、感觉富足,以及相信富足,不让任何局限性的思想进入到你的心中。

——《秘密》

那些鹤立鸡群的英雄和圣人,他们的成功源自于对自身力量的挖掘。人的灵魂本身没有高下,一个灵魂可以做到的事情,另一个灵魂也一定可以做到。因为生命是平等的,每个生命都必须遵循同样的法则。

一个人在某个阶段表现出来的能力有高有低,但是在领悟了人生真谛的那一瞬间,人的生命就能得到升华,所有的禁锢将不复存在。是金子在哪里都会发光,因为发光是金子的特性。

一位父亲带着儿子去参观凡·高故居,在看过那张小木床及裂了口的皮鞋之后,儿子问父亲:"凡·高不是位百万富翁吗?"父亲答:"凡·高是位连妻子都没娶上的穷人。"

第二年,这位父亲带儿子去丹麦。在安徒生的故居前,儿子又困惑地问:"爸爸,安徒生不是生活在皇宫里吗?"父亲答:"安徒生是位鞋匠的儿子,他就生活在这栋阁楼里。"

这位父亲是一个水手,他每年往来于大西洋各个港口,儿子叫伊东布拉格,是美国历史上第一位获普利策奖的黑人记者。

20年后,在回忆童年时,伊东布拉格说:"那时我们家很穷,父母都靠卖苦力为生。有很长一段时间,我一直认为像我们这样地位卑微的黑人是不可能有什么出息的。好在父亲让我认识了凡·高和安徒生,这两个人告诉我,上帝没有轻看卑微。"

不论穷人还是富人,也不论黑人还是白人,只要他足够地自信,能够发现自己的能力所在,能够为了自己的理想坚持不懈地奋斗,就一定能够等到云开雾散,柳暗花明的一天。因为上帝从来不会轻看卑微的人,会给所有的人相等的机遇。

现实中有许多人没有发挥出他们真正的实力,这是因为他们不够自信,总把自己的命运递交在别人手中。如果你想成为这个世界的强者,就不要人云亦云地忙着给自己定位。先要找寻到灵魂深处蕴藏的力量,它会让你明白这个世界生存的法则,任何风俗、习惯,甚至连法律、政治都不是一成不变的,除了自己之外,没有人能决定你的命运。

所以,请做一个自信的人。自信是生命的根基,如果缺少自信,生命的大厦一天到晚摇摇欲坠,又怎么能够为自己的信仰遮风挡雨?

那些成功的人并非天生带着优势而来,甚至有一些人的家境和自身条件远不如常人;他们也没有得到命运的特别垂青,虽然人们常说时势造英雄,但事实却往往是英雄决定时势。他们的成功多数是源于最大限度地发掘了自身的能量,破除了自己对自己的过低评价。

你要相信自己是一块金子,无论千淘万漉的过程多么艰辛,都要自始至终坚信自己一定会发光。所有的泥沙都会在海水的淘洗中沉下去,而金子则会留在礁石上成为万众瞩目的焦点,这是不可改变的自然法则。

很少有人能坚持到发光的那一刻,大部分人都以为自己不过是一颗沙子而渐渐习惯了沉寂。他们永远不能发掘出自己的真正实力,因为他们不够自信。有一些本可以轻松跨越的障碍在他们的眼中会被放大成无法逾越的深谷,如果头脑中已经有了对方不可战胜的念头,便失去了成功的希望。

那些缺乏自信的人,往往认为自己太过于卑微:相貌平平,没有回头率;天赋一般,没有惊人的学历与特长;家境普通,在他乡漂泊。他们以为自己就像毫不起眼的小草,没有高大魁梧的身姿,没有惹人怜爱的容颜,没有跌宕起伏的境遇,柔弱而渺小。但是,即使你只是一株小草,也可以做到渺小但不自卑,柔弱但不绝望。

拿破仑·希尔曾经说过:"只要有信心,你就能移动一座山。只要坚信自己会成功,你就能成功。"只要有足够的自信,就可以化渺小为伟大,化平庸为神奇,这是造物主赐予人的最好的财富。

你的职责在于填满自己

你的职责在你自己。除非先把自己填满,否则你没有东西可以给别人。

——《秘密》

在狂风中屹立不倒的参天大树必然有庞大的根系,它们的每一条根须都深深地扎进土地中,从大地中汲取能量。如果一个人想在狂风中保持站立的姿势,就需要不断加固自己的根基。

人的潜能是无限的,但无论人生达到怎样的高度,总有上升的空间,所以应该不断提升自己。那些社会上的佼佼者们普遍拥有的习惯就是进取心强,总是在不断充实自己。因为他们深知只有增强自己的能力,才能与风雨搏击。

迈克是个十来岁的孩子,每个周末,他都会去父亲的葡萄酒厂工作,他的任务是看守装酒用的橡木桶。

周六的早上,他会用抹布将木桶一个个擦拭干净,然后一排排整齐地摆放好。但令他苦恼的是:往往一夜之间,风就会把他排列整齐的木桶吹得东倒西歪。

小迈克非常发愁,便去向父亲求助。父亲抚摸着迈克的头说:"孩子,你知道大风为什么不能撼动酒厂里的大树吗?"

迈克想了想说:"因为大树有根,所以风吹不动它们。"

"那怎样才能让橡木桶也有'根'呢?"

小迈克想了很久,终于想出了一个好办法:他去井里挑来一桶桶清水,把它们倒进摆放整齐的橡木桶里,然后他就忐忑不安地回家睡觉了。

第二天,天刚蒙蒙亮,迈克就匆匆爬了起来,他跑到放桶的地方一看,那些木桶一个一个排放得整整齐齐,没有一个被风吹倒的,也没有一个被吹歪的。

迈克高兴极了,他对父亲说:"要想使木桶有'根',就要增加木桶自己的重量。"

父亲赞许地笑了。

小迈克从中学会的不仅是让木桶不倒的方法,而且,这个方法会让他终生受益。一个人如果想要拥有稳定的根基,就要不断地充实自己,每天进步一点,就会远离失败,靠近成功。真正有内涵、有能力的人不需要依靠压制他人获得影响力,他们的个人魅力便会把其他人吸引到自己身边。

皮特·詹姆斯现在是美国ABC晚间新闻的当红主播。在此之前,他曾一度毅然辞去人人艳羡的主播职位,到新闻的第一线去磨炼自己。他做过普通的记者,担任过美国电视网驻中东的特派员,后来又成为欧洲地区的特派员。

经过这些历练,当他重新回到ABC主播台的位置时,他已由一个略显生涩的小伙子成长为成熟稳健又广受欢迎的主播兼记者。

皮特·詹姆斯最让人钦佩的地方在于,当他已经是同行中的优秀者时,他没有自满,而是选择了继续学习使自己的事业再攀高峰。

一个带着思想生活的人,无论处于人生的哪个阶段,都会把不断学习、丰富自己当作像吃饭、睡觉一样自然的事情,因为他们知道只有不断积累,才能保持优势;只有不断充值,人生才会增值。

心灵越纯洁,力量越强大

它就是喜悦、爱、自由、幸福、欢笑。如果坐着静心一个钟头你会感到喜悦,天啊,那就去做吧!如果吃个意大利香肠三明治你会感到快乐,那就去做吧!

——《秘密》

一位长者问他的学生:"你心目中的人生美事为何?"

学生不假思索,列出了一张清单:健康、才能、美丽、爱情、名誉、财富……

长者看过之后,期待地问道:"没有遗漏了吗?"

学生认真地想了想,摇了摇头。

长者略带失望地说:"你忽略了最重要的一项——心灵的宁静,没有它,上述种种都会给你带来可怕的痛苦!唯有宁静的心灵,才不眼热权势显赫,不奢望金银成堆,不乞求声名鹊起,不羡慕美宅华第,因为所有的眼热、奢望、乞求和羡慕,都是一厢情愿,只能加重生命的负荷,加速心灵的浮躁,而与豁达康乐无缘。"

一个人若有质朴美好的心灵,凡事从最单纯的心愿出发,就会有强大的人格魅力。终其一生,他都不会表现出懦弱、阴暗的一面,他所有的努力都将是光明而积极的。这就好比一个人骑了一匹秃尾巴马,这件事本身无可厚非,但却会引人遐思,认为是他残忍地剪断了马尾。有些心志不坚的人则会因此而心生畏惧,尽量避免骑这样的马,以免遭人非议。

内心真正纯净的人无论做什么都自然无比,从不担心别人对自己有所误会,也不担心自己的才华与贡献会被人忽视。对于他来说,无论做什么事都是出于本心的选择,而非一定带着某种功利性的目的。所以,他们是内在力量真正觉醒的人,他们的人生天真烂漫,他们的生活无忧无虑。

智者的神秘之处在于它显威于外界,其根却源于内在。当你把不为世俗羁绊的智者情怀注入心中后,就能从平庸变得伟大,但只是这样还不够,你还要用这纯洁的心灵指导你的行动,这样才能在宁静的心灵中成就伟大的事业,实现灵魂的解放与物质的充裕。

如果你是一名演说家,当你心无旁骛地用心灵说话时,你的演讲将变得娓娓动听,引人入胜。相反,若你只用肢体来演讲,那你只能算个蹩脚的政客,根本无法打动听众的心。所以你必须正心诚意,让洁净的灵魂之音从你的口中传出,再加上肢体语言的配合,才是一个演说家应有的风范。

如果你是一位歌者,那么只有敞开心扉,才能咏唱出灵魂之声。你将发现这样做的效果比你千辛万苦的训练还要强上好多倍,虽然你在其他方面的能力仍将有待提升,但你的歌声却成为充满魅力的天籁之音,听者将悉数为之动容。

如果你是一名作家,你就应当信奉这条至理:"只有真诚无畏地对待文字,才能在文字中实现灵魂的升华。"一位作者很难将他本人不理解的内容恰到好处地表现出来。每个人都是自己灵魂的抄写员,把内心的感受用文字的形式录入到书中。

那些华丽的装饰和虚幻的繁荣都是暂时的荣耀,光环一旦散去,原有的事物都会变得黯淡无光。但宁静与淡泊的心灵是幸福的永恒归宿,也是改变自己、影响他人的神奇力量,只有洞悉了这一点,我们的生活才能有条不紊,缓而有序,才能做到平淡中不失激情,理性中不乏温暖。

天堂是自己构建出来的

借着去想你所要的生活方式,来预先创造你的生活,你就能依自己的意识创造生命。

——《秘密》

我们都不过是一介凡人,但有时候,我们却能靠自己的力量建一座天堂。

有个人的住宅附近有一片天然的洼地。水从远处山丘上的蓄水池中流出,通过一个可以调节水流大小的阀门开关之后,缓缓地注入洼地里面。夏天雨水充沛的时节,这片洼地便蓄满了水,澄澈的水面上便会铺满盛开的莲花,洼地旁边的林子中传来蝉鸣鸟啼,分外热闹。朋友爱极了这片土地,称这里是他的大农场,而那片洼地就成为他的莲花池。

他是个博爱的人,所以在他的领地上从来都看不到"私人所有,不得擅入"或"擅入必究"的字样,相反,他在莲池边竖起的"这里的莲花欢迎你"的标语吸引了周围的邻居和风尘仆仆的路人。他愿意与别人分享自己的一切,在这个世界里,他感到由衷的快乐。用他自己的话说,这里是他一生中最伟大最成功之处。

这片土地的水源供给原本丰沛,他又总是把水池的进水阀开到最大,这样不仅在栏边驻足的牛羊能饮到甘甜的山泉,邻家的田园亦可受惠。

然而,有一段时间他无暇顾及庄园,便将房子转租给了另一个人。新房客是个很"实际"的人,他一住进来,就先把连接莲花池与蓄水池之间的阀门关闭了,之后移走了原主人立起的"这里的莲花欢迎你"的标语。很快,那原本如天堂一般的牧场发生了翻天覆地的变化,莲花凋谢,池中游鱼化为了枯骨,岸边不再有芬芳的野花,鸟儿不再在此停留,栏外成群的牛羊再也饮不到甘甜的清泉。

这些变化似乎都是在一夜之间发生的,以至于当那些曾在天堂般的莲花池边玩耍的孩子面对着伏在池底烂泥上枯萎的花茎时,不由得目瞪口呆。

卷一《秘密》

实际上，造成这一切差别的原因却十分简单，仅仅是因为新房客关闭了引水的阀门，阻断了来自远山的水流，从而毁坏了生机盎然的莲池，也剥夺了周围邻居与沿途路人的幸福。

在这个故事中，你是否感受到了影响力的神奇力量？当庄园的主人用博爱之心去经营时，这座庄园宛若天堂，新房客的狭隘却将其变成了地狱，这天堂与地狱的差别，来源于两个人的不同心志和意念。

莲池中的莲花像人类一样拥有生命，但是它们的生命却不在自己的掌控中，只有依赖别人替它们打开阀门才能生存，而人不一样，人类的生命要强势很多，至少能够自由地想象未来的生活，能够自由地选择外界的信息和能量，能够自由地掌握自己的思想。庄园的主人和所有人一样平凡，但是他的心中有一座天堂，他按照自己的愿望经营自己的庄园，赢得了他人的尊重和欣赏。

人的一生只有自己能够主宰，而决定其人生的最重要因素是头脑中的想法，因为这些想法都是行动的潜在驱动力，也决定着行动的方向。即使你不是全能的上帝,也不必为自己暂时的无能为力而气馁,只要你心中有一座天堂,终有一天它会出现在你的面前。

第四节　爱的秘密

以爱和尊重对待自己

以爱和尊重对待自己,就会吸引爱你、尊重你的人。

——《秘密》

每个人都希望自己在他人心中是最重要的,但是,如果他自己不爱自己,不尊重自己,又怎么能奢求别人的重视?

一个人爱别人是权利,爱自己却是义务。无论在何种情况下,都要自尊自爱,你希望别人怎么对待你,就要这样对待自己,这样才会强化你的思想,将你对人际关系的设想与渴望传递出去。如果你对待自己,并没有像希望别人对待你的那样,那么你就无法改变事情的现状。当你热爱自己时,别人才会从你的自信与热情中发现你的优点,并因这些优点而热爱你;当你尊重自己时,别人才会知晓你为人的原则和处世的底线,才会因为你那高贵的人格而尊重你。

你对自己表现出来的态度是一种强而有力的信号,如果你没有用爱和尊重来对待自己,就相当于是在昭告其他人:我不重要、我没有价值、我不需要被尊重。这个信号会持续地影响你自己和你身边的人。当其他人都用傲慢或者漠视的态度对待你时,其实他们的表现只是结果,你的思想才是诱因。

一年冬天,一群饥饿的流亡者来到一个庄园,庄园主拿出自己的食物热心地接济他们。

他们显然已经很多天没有吃到这么好的食物了,很多人接过食物,连"谢谢"也来不及说一声便狼吞虎咽起来。

只有一个年轻人例外。当庄园主把食物送到他面前时,年轻人抬头问:"先生,吃您这么多东西,您有什么活儿需要我做吗?"

"不,我不需要你帮我做什么。"庄园主摇摇头,"每一个善良的人都会乐意帮助他人。"

听到这句话,年轻人有些失望地垂下了头:"先生,那我更不能随便吃您的东西。不付出劳动,我不能凭空享受这些东西。"

庄园主十分赞赏地望着这个年轻人,看来不给他做些活儿,他是不会吃下这些东西的。他想了一会儿,就说:"小伙子,你愿意为我捶背吗?"年轻人便十分认真地给他捶背。捶了几分钟,庄园主便站起来说:"好了,小伙子,你捶得棒极了。"说完把食物递给了年轻人。年轻人这才安心地吃了起来。

后来,庄园主将这个年轻人留在农场里干活,他做得非常出色。一年以后,庄园主把自己的女儿嫁给了他,并对自己的女儿说:"别看他现在一无所有,可将来他一定会大有成就,因为他有尊严!"

果然不出他所料,20年后,这个年轻人成了美国精通百业的"万能商人",他的名字是阿曼德·哈默。

就像哈默的经历一样,一个爱自己、尊重自己的人,即使在接受别人的帮助时也能表现出高贵的气质,而这种气质会赢得别人的尊重。为了求得一个好的结果,你必须开始用爱和尊重来对待自己,发出那样的讯号、达到那种频率,然后吸引力法则将会发挥作用,你的生命中将充满爱你、尊重你的人。

若要世人爱你,你当先爱世人

告诉我有多少你爱的人,我便能算出你遇到了多少贵人;告诉我他们的爱有多强烈,我便能告诉你他们离神有多近;告诉我他们的爱有多广大,我便能告知你天堂——和谐之堂有多大。

——《秘密》

一旦我们认识到自私是一切罪孽的根源,就应该尝试用仁爱慈和之心真诚对待每个和我们有接触的人。有这样一个巧妙的比喻:爱是世界的回音壁。你付出多少爱,世界就会回馈给你多少。

我们付出爱的同时,也会接收到别人传递的爱的讯号,感受到生命的温暖。请记住这样一句谚语:若要世人爱你,你当先爱世人。

一般来说,人们在进行祷告时只会向与自己接触亲密的亲人或朋友送上祝福,但有的人却常常为世间所有的生命祈祷幸福,他们会喃喃地说:"亲爱的人们,我爱你们!"这是一种奇特的自我暗示法,也是符合吸引力法则的:付出的爱越多,得到的爱也会越多。

一个没有爱的躯体就像没有灵魂一样,而没有灵魂的人自然无法主宰自己的生命。如果想要真正掌控自己生命的能量,就要学会如何去爱,如何付出爱。一个不断地将自己的仁爱主动撒向他人的人,生命就像是一曲华丽的乐章,起伏的旋律,跳跃的音符让他的生命丰富多彩;而被动地等待别人关怀的人,就像秋风中在枝头瑟瑟发抖的落叶,即使博得了他人的同情,也无法摆脱凋零的命运。

一个恶毒的农妇死了。由于她生前没有做过一件善事,魔鬼便把她抓去,扔进了火海。

农妇哀求守护她的天使,希望他能救自己脱离火海。天使想:我得想出她做过的善行,然后去找上帝为她求情。他想了好久,终于想出来了,便急匆匆地找到了上帝:"她曾在菜园里拔过一根葱,施舍给一个女乞丐。"

上帝说:"那你就拿着那根葱,到火海边伸给她,让她抓住,拉她上来。如果你能从火海里把她拉上来,就让她到天堂去;但如果葱断了,那女人就只能一直留在火海里了。"

天使跑到农妇那里,把一根葱伸给她,对她说:"喂,你赶紧抓住它,我拉你上来。"他开始小心地向上拉她,马上就快到火海的岸边了。

但是,火海里其他的罪人也想上来,他们纷纷聚到农妇身边,开始拉扯她。这个农妇愤怒地用脚踢他们,说:"人家在拉我,不是拉你们!那是我的葱,不是你们的。"她刚说完这句话,葱突然断了,农妇再度落进火海,天使只好哭泣着离开了。

其实,这根葱不过是上帝考验她的道具而已,如果她能顾及别人的生死,自己也会得救。她渴望得到上帝的怜悯,逃脱火海的刑罚,但她只想接受别人的爱,却不想付出爱,生死攸关之时还是暴露了自私恶毒的本性。

一个人越是自私、孤僻,越是吝啬于付出自己的爱,就越难和他人融合在一起,无法成为生命整体的一部分,最终就会像故事中的农妇一样,接受命运的惩罚。

莎士比亚说:"上天生下我们,是要把我们当成火炬,不是照亮自己,而是照亮别人。"一个人如果想从其他人那里得到爱,就要一支火炬一样,将光与热施予他人。当他把爱的意识贯注自身并向周围洋溢时,身边的人就能够感受到浓浓的暖意和旺盛的生命活力,人的天性是感恩的,他们自会有所回馈,也许只是一句感谢,或者一句赞美,却足以将爱的温暖延长。

伤害他人,便是谋害自己

要让某种关系顺利,就把焦点放在对他人的欣赏上,而非抱怨。当你把焦点放在他们的优点上时,你就会发现他们更多的优点。

——《秘密》

每一种情绪中都蕴含着相应的能量,情绪的发作自然会伴随着能量的释放,这是一条颠扑不破的真理。每种思想从孕育到成型都会在人们的生活中留下或深或浅的痕迹。爱和同类情感都是积极的情绪,也会带来积极的效果——它们让人的身体变得康健而富有活力,面貌变得姣好,声音变得甜美,魅力得到提升。

付出爱就会得到爱,当一个人以仁爱慈和之心对待他人,他人必报以同样的情怀。但是伤害他人会造成怎样的结果呢?我们或许能够从这则古希腊神话中找到答案。

古希腊神话中有一位大英雄叫海格力斯。一天,他走在坎坷不平的山路上,发现脚边有个袋子似的东西很碍脚,海格力斯踩了一脚,谁知那个袋子不但没被踩破,反而膨胀起来,并加倍地扩大着。海格力斯恼羞成怒,操起一根碗口粗的木棒砸它,那袋子竟然一直膨胀到把路都堵死了。

正在这时,山中走出一位圣人,对海格力斯说:"朋友,别动它,赶快远离它吧!它叫仇恨袋,你不侵犯它,它变小如当初;你若侵犯它,它就会膨胀起来,挡住你的路,与你敌对到底!"

人们的内心都或多或少地隐藏着仇恨或者愤怒等消极的情绪,这些人性的弱点一经触碰便会迅速膨胀。与爱相比,它们带来的是不正常、不自然、有害无益的影响，如果说爱是宇宙间的崇高法则，那么仇恨与伤害便是对这一法则的暴力侵犯。当你出于一些消极的情绪对他人造成伤害时，常常也会伤害到自己。

如果你试图去伤害他人，愤怒、暴躁、指责等负面情绪会严重影响你的心情，这些内在的破坏能量也会变成对身体健康的啃噬者，导致身体的病痛。人的情绪是有传染性的，它不仅仅影响你一个人，甚至会对你身边的其他人造成消极的暗示，以至于形成一个相互影响的恶性循环，而你却是其中被拴得最牢，而难以摆脱的一个。

善良是生命对生命的呼唤，恶意是死亡对死亡的牵绊。试图伤害他人的消极情绪会把世界变成悲惨的地狱，自己也将成为其中的受害者。当一个人内心萌生了仇恨的火种时，最好的方法是用人性美好的甘泉去浇灭那些忽闪忽隐的火星。

波斯人有句老话："宽和能克制暴躁，友爱能克制孤僻。温暖的手能用头发牵着大象走。你得用仁爱去面对仇敌，因为破坏和平是有罪的。"佛经有云："若有人因无知的恨而害我，我将用无私的爱来度他。"印度教也有相似的教义："以善迎恶，以爱化怒,爱能克恨,恨只能生恨。"一个人施加于他人的恶意越多,反噬到自身的恶意就会越大。

仁智之人永远不会有伤害他人的念头,自然也就不会有敌人。当你遭到伤害时,你有两条路可以选择:其一,以怨报怨,在你的脑海里无数次地想着对方羞辱你的情形,然后加倍奉还,若你这样做便把自己贬低到同对方一样的境界,两个人都要因他的过错而受罪;其二,以德报怨,用仁爱帮他认识并克服错误,如此一来,两个人都能从仇恨中解脱出来。

谅解他人、维持和睦的状态并不是做无用功,早晚会收到回报。你越是宽容、越是无私,得到的回报就会越大;若你为人刻薄寡恩,睚眦必报,那换来的只能是一生的痛苦和疾病,原谅对自己犯下过失的人,既能救赎对方,也能使自己避免坠入泥潭。

赞美和祝福世间的一切

赞美、祝福这世界的一切,你将化解其负面性与不和谐,让自己和"爱"这个最高的频率一致。

——《秘密》

在世界上所有的道路中,心与心之间的道路是最难行走的,人人都在追求利益,可他们却找不到通往心灵的方向。其实走进他人的心灵有时又是轻而易举的,路标就是对他人付出你真诚的爱。

发自内心的赞美和祝福就是爱的一种。马克·吐温曾说过:"只要一句赞美的话,我就可以充实地活上两个月。"喜欢聆听他人的赞美、接受他人的祝福是人的天性之一。每个人都会对来自社会或他人的得当赞美,而感到自尊心和认同心理得到满足。当我们听到别人对自己的赞赏,并感到愉悦和鼓舞时,自然会对说话者产生亲切感,从而使彼此之间的心理距离缩短。这种发自内心的赞美也是爱的一种,能够促成人与人之间融洽的关系。

1960年,法国总统戴高乐访问美国时,在尼克松为他举行的宴会上,尼克松夫人精心布置了一个美观的鲜花展台:在一张马蹄形的桌子中央,鲜艳夺目的热带鲜花衬托着一个精致的喷泉。

戴高乐将军一眼就看出这是女主人为了欢迎他而精心设计制作的,不禁脱口称赞道:"这是一个多么漂亮、雅致的计划和布置啊!感谢尊贵而优雅的女主人。"尼克松夫人听了十分高兴。事后尼克松夫人说:"大多数来访的大人物要么不加注意,要么不屑为此向女主人道谢,而他总是想到和讲到别人。"

在后来的岁月中,不论美法两国之间的关系发生怎样的改变,尼克松夫人始终对戴高乐将军保持着非常好的印象。

可见,一句简单的赞美他人的话,会产生多么好的效果。每个人都希望获得别人的赞美,没有人喜欢遭到别人的指责和批评。

赞美的好处不胜枚举,可是,生活中有很多人吝啬这么做。他们或是出于冷漠,或是出于嫉妒,常常挑剔别人的缺点和错误,而不愿用赞美来帮助一个人摆脱心灵的黑暗。赞美有着神奇的力量,它可以使一个自卑的人走出阴影,变得积极乐观;也可以让一个冷漠的人变得热情而充满朝气。

有人说:"吝啬赞美是最大的吝啬。"赞美一个人并不会让你损失什么,反而能够将你的善意传达给对方,并收到对方爱的反馈,何乐而不为呢?

除了赞美,用宽容的心原谅他人的过失也是爱的方式之一。

洛克菲勒就是一个善于赞美他人的人。一次,洛克菲勒的下属爱德华·贝德福特由于失误,使公司损失了100万美元。当贝德福特丧气地来见洛克菲勒时,洛克菲勒本可以指责他的过失,但是他并没有这样做,因为他知道贝德福特已经尽力了,不能抹杀贝德福特的功劳,更何况事情已经发生,指责也无济于事。

洛克菲勒对贝德福特说:"这个项目进行得虽然不是很顺利,但你不仅节省了60%的投资,而且为我们敲响了警钟。我们一直都努力,并且取得了几乎所有的成功,还没有尝到失败的滋味。这样也好,我们能够更好地发现自己的错误和缺点,作为借鉴。更何况,没有任何人会一直处在事业的巅峰时期。"

几句善意的话不仅化解了贝德福特的尴尬,也表现出了洛克菲勒的大度和宽容。这样的管理者是富有魅力的,不仅能够吸引更多的人才为之服务,也会因此得到更好的发展。人在成长的过程中难免犯错,几句善意的宽慰,来自内心的祝福,力量都远远大于一万句严肃的批评。

用爱去赞美并祝福世间的一切,用真诚的体恤包容世间的一切,可以缩小人与人之间的差距,令彼此相互欣赏,也能化解人与人之间的争端,使双方和睦,这是人人都愿意接受的礼物。

第五节 思想的秘密

真正的财富是思想

你是宇宙中吸引力最强的磁铁!在你心中,有着比世界上任何东西都更强而有力的磁引力;这无法估量的磁引力,正是通过你的思想散发出来。

——《秘密》

宇宙中的一切都是能量的存在形式,按照自然科学的法则,能量是无法被创造或被破坏的——它只会改变存在的形式。人的思想也是一种能量,当思想发挥作用时,就可能会转变为其他可见的物质形式,于是,吸引力法则也就发挥了作用——你所想要的就是你会得到的。

人的思想可以形成一个磁场,你就是一块具有强大磁力的磁铁,如《秘密》中所言,你可以像电一般让所有的事物随着你"活化",而你也可以随着你想要的事物"活化"自己。思想是维系我们的内心世界和整个宇宙之间联系的纽带,每一种积极的思想都是美好和进步的统一,凝聚了无数正确的观点,它会把世界上美好和进步的事物吸引到身边,为你带来你想要的结果。

宇宙中存在无数的可能性,也有无尽的思想可以供你利用,只要你能够充分发挥思想的作用,便可以在意识中创造一切,在现实中拥有一切。

有人曾说:"有了智慧,我们才能得到财富;有了财富,我们才能得到自由。"由此可见人的思想本身就可以转化成巨大的财富。世界首富比尔·盖茨就是一个靠思想致富的典型例子,他拥有比别人先进的观念,将许多别人想不到的想法及创意,化为电脑软件程式,在电脑资讯界独领风骚,赚进亿万财富。

现代人如果想靠薪水致富,恐怕难如登天,靠思想致富能够缩短你在财富路上的奋斗过程。

有位犹太人带着儿子到美国做生意。一天,父亲问儿子一磅铜的价格是多少,儿子答40美分。父亲说:

"对,整个美国都知道每磅铜的价格是40美分,但作为犹太人的儿子,你应该说4美元。你试着把一磅铜做成门把手看看。"

10年后,父亲去世,儿子开始独自经营铜器店。

不久,美国政府为清理翻新自由女神像时遗留的废料,向社会公开招标。但是,由于美国在垃圾处理方面有着严格的规定,稍有疏漏便可能被环保组织起诉,而且处理一堆废料也没有什么利益可言,所以,几个月过去后,没人应标。

他听说这件事后,到纽约港口的自由岛上实地考察了一番,看到自由女神像下堆积如山的铜块、螺丝和木料,他未提任何条件就承担了这个项目。

当其他人用怀疑的目光看着他时,他已经已经开始组织工人对废料进行分类:把废铜熔化,铸成小自由女神像;把木头加工成木座;把废铅、废铝做成纽约广场的钥匙。最后,他甚至把从自由女神像身上扫下的灰尘都包装起来,出售给花店。

不到一个月时间,他把这堆废料变成了400万美元,而每磅铜的价格整整翻了上万倍。

这个故事告诉人们:亿万财富买不到一个好的

想法、观念,而一个好的想法、观念却可以带来亿万财富。美国成功学大师拿破仑·希尔博士依赖自己所创的"心理创富学"而拥有亿万资产,他曾指出:"人的心灵能够构思到,而又确信的,就可以成为财富。"并提出了心灵创造财富的公式:财富=想象力+信念。

宇宙间真正的财富并不是金银珠宝,也不是现金钞票,而是能把这些可视的资本带到身边的智慧和思想。

真理永远只在你心中

人拥有能刻意去思考、用心智创造出自己整个生命的力量。

——《秘密》

真理永远只在你的内心中
外界的事物并不能真的左右你的信念
所有的人心底都一个神秘的中心
所有的真理就寄居在这里

这是英国诗人勃朗宁的诗歌。读这几句诗的时候,人们非常容易感觉到在某个瞬间自己的灵魂与这位伟大诗人的思想发生了碰撞,并产生了共鸣,那声音振聋发聩,仿佛在提醒我们:要忠实于自己的灵魂,你能听到你灵魂发出的声音。这条路是正确的,沿着它坚定地走下去吧!

灵魂是人的生命之光。只有从内心散发出来的那些还闪着金色光芒的羽毛,才凝结着世界上最伟大的智慧——世界上任何一位伟人告诉你的真理,都远远不及它们的作用,因为别人的经验无法取代你内心的认知。

不要向外界寻找真理,外界的经验只不过是工具,只能辅助我们却不能替我们做主。真正的智慧都在人的心里,所以,我们都要忠于自我,这是世界上最重要的法则之一。

很多年前,英国一位叫克里斯托·莱伊恩的年轻建筑设计师,幸运地被邀请参加了温泽市政府大厅的设计。他运用工程力学的知识,巧妙地设计了一个独特的方案——用一根柱子支撑大厅天顶。

一年后,市政府请权威人士进行验收时,对他设计的一根支柱提出了异议。他们认为,用一根柱子支撑天花板太危险了,要求他再多加几根柱子。

但是他认为:"只要用一根柱子便足以保证大厅的稳固。"他详细地通过计算和列举相关实例加以说明,拒绝了工程验收专家们的建议。

他的固执惹恼了市政官员,年轻的设计师险些因此被送上法庭。

在万不得已的情况下,他只好在大厅四周增加了4根柱子。不过,这四根柱子全部都没有接触天花板,其间相隔了不易察觉的两毫米。

时光如梭,岁月更迭,一晃就是300年。

300年的时间里,市政官员换了一批又一批,市政府大厅坚固如初。直到20世纪后期,市政府准备修缮大厅的天顶时,才发现了这个秘密。

消息传出,世界各国的建筑师和游客慕名前来,观赏这几根神奇的柱子,并把这个市政大厅称作"嘲笑无知的建筑"。最令人们称奇的是这位建筑师当年刻在中央圆柱顶端的一行字:自信和真理只需要一根支柱。

这根支柱是来自心灵深处最执著的坚持,也是

建筑师对自己信仰的维护。很多时候,敢于坚持自己的选择,在巨大的群体压力下不改初衷,这本身就是一种勇气,更是对内心真理的勇敢捍卫,令人肃然起敬。

如果我们能够倾听到内心中发出的声音,那么很多事情就会呈现新的意义,我们自身的智慧也会升华到更高的境界,有更多的力量去探寻事物表象下的本质。也许我们发现不了新的星夜,也找不到新的力量,但智慧和真理却可以让我们重新认识这些曾经相识的对象,从中发现新的内涵,寻找到新的机遇。忠于内心的智慧,并一步步接近世界的本质时,我们的内心也可以获得真正的宁静。

在每一天反省自己的行为

每天结束时,在你睡觉之前,去想想一整天所发生的事。如果有任何的时刻或事件不是你想要的样子,那就改用能使你满意的方式,在心中"重播"一次。

——《秘密》

丽莎·妮可丝是"个人启能"思想的倡导者,她在《秘密》一书中说:"我们每个人都要感谢上帝给予缓冲的时间,使你所想的不会立即成真,否则可就麻烦了。"在她看来,时间的延缓对人们的成功有莫大的帮助,因为它给了人们"再评价"的机会,让人们通过反省和更深入的思考来想清楚所想要的,并做出新的选择。

《世界上最伟大的推销员》中的主人公海菲的成功经验之一就是每天反省自己的行为。在每天睡觉之前,我们都应回想一下自己这一天每时每刻的言行,认真反思当天经历的所有事情。当你有勇气劝诫自己、原谅自己时,就不会害怕面对自己任何的错误了。错误并不可怕,教训并不是愚蠢与悲伤的同义语。如果你读过圣经就会知道,上帝要求人们学会反省。

《圣经·新约》里有一则这样的故事:

有一天,对基督教怀有敌意的巴里赛派人将一个犯有奸淫罪的女人带到耶稣面前,故意为难他,看他如何处置这件事。如果依教规处以她死刑,则耶稣便会因残酷之名被人攻讦,反之,则违反了摩西的戒律。耶稣看了看那个女人,然后对大家说:"你们中间谁是无罪的,谁就可以拿石头打她。"

喧哗的群众顿时鸦雀无声。耶稣回头告诉那个女人,说:"我不定你的罪,去吧!以后不要再犯罪了。"

这则故事告诉我们:当你要责罚别人的时候,请先反省自己可曾犯错。大哲学家苏格拉底说:"没有经过反省的生命,是不值得活下去的。"一个人需要不断地从思想上检视自己,从行为上纠正自己,才可以避免偏离正道。

反省的过程中,你会发现或许某些时候自己的思想与行为已经偏离了初衷,这时候就需要承认自己的错误,调动思想的力量寻找正确的方向。欧洲有一句格言:"不容许修改的计划是坏计划。"所以,利用时间的缓冲对自己的计划做出调整并不是一件坏事,掩饰或者放纵自己的错误才是犯罪。

自知与反省的程度决定着智慧带给人的是快乐、优势,还是痛苦、弊端。人对自身的探索和对外界的探索一样,很难得到终极答案。自我认知的局限性就像一个人在阳光下和自己的影子赛跑,除非转身,否则很难超越它一样。人们追求理想与财富的过程是一条艰险且漫长的路途,如果行走的过程中不运用智慧,不时常回顾一下走过去的路,很可能走上前无去路,又无路可退的不归路。

清醒的人是可以控制自己的人,他们善于在思考中发现问题,即便纠正错误的过程再痛苦,他们也不会放弃对自己思想的完善。反省是一面莹澈的镜子,它可以照见心灵上的玷污。在实现梦想的路上,我们需要在每一天反躬自省。

别让已知阻断未知的去路

他们对无形的事物有着完全的信心;他们明白自己有着撑起宇宙的力量,能把所要发明的事物转化为有形。他们的信心与影像,成为人类进化的起因;而我们每天都在享用他们极富创意的心智所带来的好处。

——《秘密》

一个要想进入智慧殿堂的人首先要学会放弃骄傲,他需要像孩子一样,不带一丝成见,因为任何偏见、设想和信仰都会妨碍我们获取智慧。自作聪明的结果就是搬起石头砸自己的脚,它们封锁了通向真理的道路。

这样的例子太多了,在宗教界、科学界、政治界以及社会上,无数精英人才就是因为过于相信自己的智力,结果推迟了发现真相的时间而坐失良机。他们错过了通向正确道路的出口,无法发展壮大自己,只能变得卑微弱小,被动地接受别人找出的真相。他们的行为非但没有推进历史的发展,反而成为时代进步的绊脚石。当然他们终究阻挡不了车轮的前进,只能被车轮碾压成泥化作土,眼看着他人驾驶着满载真理的车辆扬长而去。

当蒸汽机还在实验阶段不能投入到实践应用的时候,有一位在科学界极为著名的科学家曾写下这样的言论,他认为用蒸汽机作为动力来进行远洋航行是不可能实现的,因为没有一艘船可以装载足够航行使用的燃煤。具有讽刺意味的是,第一艘蒸汽机船的航行便是从英国到美洲,而且在船上装载的货物中居然有他写的一本书的精装本。

对真相的追求过程中有一条极为重要的法则：无论何时，一个人若由于骄傲、妄想或其他什么原因而使自己封闭起来拒绝知道真相，那么他将失去所有知道真相的来源，反之若他肯敞开心怀去了解真相，那么所有消息来源都足以让他了解真相。所以，能否知道真相的决定权完全掌握在他自己的手中，与事实本身反而并无关系。不过对于大多数人来说，对真相的了解程度还只是一知半解，难以做到彻底弄清。

在卓别林主演的《摩登时代》里，主人公的工作是一天到晚拧螺丝帽。当他看到一切和螺丝帽相像的东西，都会不由自主地用扳手去拧，这就像一位心理学家所说的："只会使用锤子的人，总是把一切问题都看成是钉子。"

我们已经获得的知识和经验都只是冰山一角，所以，每个人都要不断补充能量，否则，终会有油尽灯枯的一天。但是人们常常被已经掌握的知识所束缚，在已经获得的经验中挣扎。

法国作家贝尔纳说："妨碍人们学习的最大障碍，并不是未知的东西，而是已知的东西。"莎士比亚也说："别让你的思想变成你的囚徒。"几乎在所有的问题上，人们都会根据自己的经验、知识和偏见，而不是根据面前的佐证去进行判断。在宇宙万物中，没有一样东西像思想那样顽固。如你所见，知识和经验是个好东西，但是你也应该看到，它们还阻碍了一些未知的东西。

第六节　健康的秘密

消极情绪是滋生疾病的土壤

如果用负面的思想封闭自己,你就会感到不适、疼痛和痛苦,觉得每天都是难熬的一天。

——《秘密》

有一些老年人保持着年轻的心态,就会比同龄但已经服老的人更长寿,一些年轻人纵然正当壮年,却步履蹒跚,即使走在平坦的路上也常常感到疲惫。这说明心灵的年龄影响着实际的健康,年轻的心态带来健康的体魄,而崩溃的心理带来崩溃的身体;内心无惧衰老自然步履从容,而心浮气躁则容易脚下无根。

当一个人突然受到某种强烈的精神刺激时,常常会面色苍白、颤抖不已,甚至会昏厥过去。这一切都是那则消息通过头脑传递给躯体的反应。再比如,当一个人与朋友共进晚餐时,如果对方突然说了一句令人不悦的话,虽然你仍会继续用餐,但却突然没了胃口、食不知味,而你之所以会出现这种反应也是因为对方话语的影响。这说明人的思想和情绪对躯体也有影响。

一位医学专家曾对维持机体的力量作了深入研究,他总结道:"精神其实是躯体的保护者……每种思想都希望能占据上风,因而它们总在不断地自我复制。对身体无益的场景如疾病、纵欲,以及各种噪音会给精神带来压抑的感觉,在灵魂上引发结核、麻风等疾病,若此种状况一直持续,这些疾病就会转移到人的躯体上从而表现出来。发怒会使唾液中分泌出对人体有害的化学物质,研究证明,因突发激烈情绪而释放出的化学物质会使人的心脏衰弱,效果可持续数小时之久,有时还会引起疾病和精神错乱。"

在现实生活中,我们常常看到有人因精神过于紧张而引发呕吐,因极度愤怒或惊骇引发黄疸,还有人因情绪的突然发作导致中风或猝死。因情绪波动而引发的猝死屡见不鲜,长期处于悲痛、嫉妒、小心翼翼或焦虑之中的人极易精神错乱。从这些现象中不难发现病态的或者不调和的情绪是滋生疾病的土壤。

高明的医师在为患者诊病时往往善于捕捉环境诱因对疾病的影响，从而做到让对方不药而愈。他们除了能够缓解病人身体上的痛，还能解开他们的心结，给患者带来精神和肉体两方面的健康。他们采取的一些细节常常会影响到患者的思维方式，仿佛"洗脑"一样，患者会觉得体内的混沌之气被荡涤一空，积极的情绪开始重新掌管身体，这就是所谓的精神治疗法。

焦虑、恐惧、愤怒等负面情绪会使人的身体经历狂风暴雨的洗礼，从而可能改变身体的某些机能，若不能调控好这些情绪，长此以往，日积月累之后就会形成显性的疾病，而那些如欢欣、宁静等愉悦的心情有利于健康，会在人的周围形成一个富有生命力的气场，拱卫着身体，使疾病无法靠近。

没有无法医治的疾病

我看过许多发生在人们生活中的奇迹:财务上的奇迹、身体和精神痊愈的奇迹,以及关系愈合的奇迹。

——《秘密》

莫里斯·古德曼因为创造了医学上的传奇而被称为"奇迹先生"。

那是1981年3月10日,莫里斯乘坐的航班出现故障,他坠机了。很多同航班的乘客不幸丧生,莫里斯虽然幸免于难,却受了很严重的伤——他全身瘫痪,脊椎断裂,由于伤到了第一和第二节颈椎,莫里斯的吞咽反射功能损坏,无法进食,更严重是,因为横膈膜受损,他甚至无法自主呼吸。现在,他唯一能做的事情就是眨眼睛。

所有的医生都用遗憾的眼神望着他,他们都认为这个可怜人将要在轮椅上度过一生。也许,莫里斯的余生,唯一能自己做主的事情就是眨眼睛了。

但是尚有意志的莫里斯并不这样认为,"那是他们对我的看法,但他们的看法并不重要,重要的是我自己的想法",莫里斯只想像个正常人一样,走出这家医院,让事情回复原状。

于是,他每天对自己说:"深呼吸,深呼吸……"最后,他真的摘掉了呼吸机,开始自己呼吸。医生们无法用医学知识解释这个转变,他们只能称之为"奇迹"。

莫里斯热爱这个创造奇迹的过程,他对自己说:"我要在圣诞节的当天走出医院。"最终,他做到了,这个曾经全身瘫痪的人用自己的双脚走出了医院。

莫里斯说:"如果有人问我人能够对生命做些什么,我会回答:人会成为他所想的样子。"

最初莫里斯被断定永远无法再走路、说话;如今他却在世界各地旅行,并用他神奇的故事感化和激励了成千上万的人,这个故事被《秘密》引用,证明了人有能力创造奇迹。

世界上每天都有奇迹在发生,这些奇迹大都来源于精神的力量。现代医学能够帮助病人减轻痛苦,加速病人的康复,但对于如莫里斯这样严重的病人,医学往往也束手无策,但顽强的意志却能发挥作用。别人只能治标,只有自己方能治本。

约翰·迪马提尼医师曾经见证过很多医学奇迹,他常说:"所谓的'绝症',就是指要从内心治疗的疾病。"很多过去人们谈之色变的绝症大都找到了医治的方法,很多被医生们判定不可能康复的病人最后也痊愈了。"无法治疗"的疾病几乎是不存在,这个世界给那些身患疾病的人留下了很大的空间,让他们充分发掘自己内心的力量。

一位叫凯西女士被诊断出患了乳癌,最初她心中也有恐惧,但很快她就用自己的意志战胜了对疾病的恐慌。她每天都对自己说:"我的病痛已经消失了,我已经痊愈了。"并且她会因坚信自己已经痊愈而感谢上帝的保佑。

除此之外,为了缓解压力,她还常常去看一些爆笑电影,用愉悦的心情对抗病痛的折磨。三个月后,凯西痊愈了,从诊断出癌症到最后痊愈,她没有接受任何放射线或化学治疗。

朗达·拜恩认为,凯西之所以能够不治自愈,是因为她运用了三种强大的力量：感恩的治疗力、接收的信心力，以及欢笑和喜悦消除体内疾病的治疗力。

以上的故事都充分证明了在疾病面前，人们往往能表现出超凡的能力。疾病并不是最可怕的，只有自己才能打败自己。假如你正罹患疾病或身边有人承受着疾病的折磨，不妨尝试一下凯西自我治疗的方法，也许你会成为下一个创造奇迹的人。

健康的生命拒绝透支

我们的身体其实就是思想的产物。我们已经开始了解，从医学上来说，思想和情感的状态确实会影响身体的物质、结构和功能。

——《秘密》

人们的身体就像组合精密的仪器，控制权掌握在人们自己手中，就如同掌握着控制机器运转的所有的按钮。机器尚且不能一直昼夜不停地运转，人的身体更是如此，透支健康便是透支生命。所以，适当的休息是必要的,不仅能使身体得到放松,还能调养精神、补充智慧。

人的一生约有1/3的时间是在睡眠中度过的,睡眠是最好的修养方式之一。一个人若精神过度疲劳,就会产生不安、紧张和焦虑的情绪,睡眠能使人恢复精神、消除疲劳,起到消化这些负面情绪的作用。

有一位女记者由于工作关系,常常熬夜赶稿,时间久了,身心俱疲。她经常因为睡眠不足而精神委顿,白天的工作效率也很低。

一天晚上,她又接到主编的电话,要求她当晚赶写一篇重要的稿件,第二天一早便要刊发。这篇文章不仅紧急,而且涉及很多专业知识,这让她大伤脑筋。她思考了很多,查阅了很多资料依然不知从何着笔。

她疲惫并且绝望,便决定把这一切烦恼抛之脑后早早睡觉。这一觉便睡到了第二天清晨,早上她睁开眼睛,脑海里顿时浮现了昨晚翻看的各种资料,更为神奇的是,这些资料竟然像被加工过一样,既清晰又有条理。她安静地躺在床上认真地思考了几分钟,一篇完整的文章便仿佛呈现在了她的脑海里。

她迅速地从床上跳了起来,连衣服都没来得及换就跑到书房里奋笔疾书,很快这篇稿子就写完了。

从那天开始,这位记者便常常使用这种工作方法,不论多难的稿件,只要睡前做过一些准备工作,一觉睡醒之后便会变得很容易。后来,这种方式也影响到了她的生活,她常常把生活中一些难以解决的问题留到第二天早上,便会拥有一个比昨天更加清晰的思路。

人类的精神世界像无比浩瀚的宇宙,智慧像在宇宙中运行的天体,总是沿着一定的轨道前进。如果一个人长期得不到足够的睡眠,无法获得很好的休息,久而久之,不仅身体会变得缺乏抵抗力,连思维也可能迟钝。而适当的睡眠则会使智慧得到滋养,对其产生另外一种引力,将思维吸引到一条新的轨道,就像故事中的记者一样,在睡眠之后很容易打开思路,获得广阔的思维空间。

一般人都认为人在睡眠中精神会变得慵懒,但实际上这时候人的思维能力可能比白天更加活跃。白天,身体器官承受着来自外部的各种刺激,精神也随着感官的运动处于高度紧张的状态,难以全部汇聚到对某件事专注的思考中。到了晚上,睡眠中的人体会自动关闭对外界的感知,虽不能完全屏蔽,但精神从外部获取信息和指令的能力会降低,所以人体内的能量便全部集中到了思维中。如果这时候能够把它们集中到睡前正在思考却没有获得答案的问题中,便能决定潜意识的工作内容,在睡醒时获得一个完美的解决问题的方法。

健康的生活方式应该是劳逸结合的,休息能够让人保持平和、宁静、淡然的状态,在愉悦的心情中工作不仅能使人远离疾病的侵袭,还能使人更加容易得从宇宙中获取有益的信息。

卷二
《失落的致富经典》

如果你有幸读过《失落的致富经典》,却没有被洗脑,也没有成为富人,那可真是一件人生的憾事。

——福特汽车公司创建者亨利·福特

作者简介

华莱士·D. 沃特斯 (Wallacen D.Wattles, 1860—1911),美国成功学的开创者,著名的"新思维"思想的先驱。在经历了一连串的人生挫败后,他在晚年时开始深入研究世界上各种哲学与宗教信仰,并整理归纳出在《失落的致富经典》里列出的各种原则。他并亲身实验与测试这些原则,证明了这些原则的正确与有效性;他也因应用了这些原则,而得以脱离贫困,在晚年时过着富裕的生活。

沃特斯一生笔耕不辍,写了许多关于财富、健康、成功方面的著作,其中《失落的致富经典》、《失落的成功经典》、《失落的健康经典》是其一生最成功、最著名、影响最深远的三大著作,奠定了美国成功学的基石。

《失落的致富经典》这本诞生于100年前的奇书,最早向世人系统介绍了《秘密》这套潜能开发系统,它不仅预言了精神力量所能带给人类的巨大潜能,还给出了将精神力量转化人类行动和行为的具体方法。100年来,美国的每一位成功学大师几乎都深受这本书的影响——拿破仑·希尔、罗伯特·舒勒、安东尼·罗宾、诺曼·V·皮尔……

卷首语

生活中有很多人常标榜自己贫穷,好像自己很清高,不会为钱而放下自己高贵的人格。不论有多少赞美贫穷的言论,我们都不得不承认这样一个事实:没有强大的财富后盾,一个人无法过上真正幸福而美满的生活。没有大量的钱财,人就不可能在天赋和精神方面达到他发展的顶峰;因为精神和天赋方面的发展要求他必须做很多事,如果没有钱的话,这些事他就没办法完成。

每个人都想衣食无忧,都想追求自己的理想,渴望实现自己的人生价值和社会价值,因此追求自身的全面发展是人与生俱来的权利,而全面的发展必须以物质为基础,物质的丰富又以金钱来衡量,追求物质的丰富就是追求金钱的富有,追求金钱的富有也就是追求人生的全面发展,因此,追求富有就是人生的权利,这种权利是不可剥夺的。

世界上没有穷人,只有找不到致富的公式,致富也并非富人独享的游戏。致富是有方法的,不是靠运气,更不是蒙神眷顾,它是一门切切实实、人人都可掌握的学问。

现在,你可能是世上最潦倒的人,且债台高筑;你可能没有朋友,没有任何影响力,也没有什么资源可利用……无论你现在是什么样子,只要你开始按"既定的法则"做事,你就一定会逐渐富裕起来;没有资金的能获得资金;入错了行的找到合适的行业;待错地方的去到合适的地方。从你现在从事的工作做起,从你现在所处的地方做起,按照能够让你成功的"既定的法则"做事,上述奇迹你统统都能实现。

如果你想知道这些法则是怎么得出的,那么请阅读哲学家们的大作。如果你想找到一条可靠、快捷的致富之路,那么请仔细阅读本书吧!

第一节　致富的"既定法则"

致富学问如同算术一般精准

在这个世界上,有一门科学,名叫致富的科学,专门指导人们如何获取财富。这是一门货真价实的自然科学,就像数学里的代数和算法。

——《失落的致富经典》

100个富翁,会有100个发家故事,100种创富经历,100条致富之路。如果你向身边的人请教到底该如何致富,那么100个人可能会有100个答案:排队买彩票的人会告诉你致富完全靠运气;银行职员会告诉你致富全靠储蓄;保险代理人会告诉你致富全靠保险;你的老师会告诉你致富全靠教育基础;珠宝店的老板会对你说致富全靠投资珠宝;期货市场的炒家会告诉你致富全靠期货买卖……

这些答案五花八门，可能会令人茫然不知所措。但《失落的致富经典》的作者华莱士却可以告诉你一个确定的答案：只要遵守致富的"既定法则"，就可以把财富吸引到身边。

人人都可以成为富翁，因为这世界上确实有一门教人如何致富的学问，这门学问像其他所有自然法则一样精确。它告诉人们：获取财富的过程也有章法可循，一个人只要按照这些既定的法则去追求财富，就会成为富人。这个过程就像一加一等于二一样确定。

当然，这并不是说宇宙间的财富会均等地分配给世间的所有人，其分配标准是一个人对"既定法则"的执行程度。无论你是有意为之还是偶然如此，只要你行事的准则与"既定法则"相吻合，就能获得财富；而违背这一准则的人，即使天资聪颖、做事勤奋，也会为贫困所扰。

宇宙间存在足够的可以转化为财富的资源，这些资源一刻不停地按照自然规律运动着。但它们并不能自行转化为金钱，还需要人类活动的参与。你不能指望一块岩石会自行脱离山体，还分离出银矿并变成银币滚落到你的口袋中。当人的思想与活动作用于自然中的资源时,就能创造出财富,财富的产生和丰富离不开人的主观参与。

所以,即使致富的过程存在可以遵循的方法,但并不等于说致富是命中注定的。任何一个成功的人,都不会站在原地等财富从天而降,而是会在尊重自然法则的基础上主动追求财富。

有人说,摩根的手掌上有条成功线,所以他才能成为美国银行界的巨子,但摩根先生从不相信这样的鬼话。

他说:"这10多年间,我细细观察过自己的亲戚、朋友和职员的手掌,有这样一条'成功线'的人,不少于2 000位,但他们最后的境遇大都不太好。假如说有'成功线'的人就能成功,为什么他们又都是例外呢?根据我的观察,在这2 000多个有'成功线'而不能获得成功的人中,有500多人是懒汉,他们懒惰得什么事也不肯动手;还有300多人可能文化水平太差,也许连A、B、C也无法正确读出来;大概至少有600多人想奋发图强,做一点大事,但因为他们的人事关系处理得不好,或者他们本身根本没有任何专业技能,或者因为他们在事业起步时遭受了挫折而放弃了,这样,他们的事业也就失败了,并一生都在失败中度过。总之,手掌上有'成功线'的人未必会取得成功,根源在于他们本身的缺陷,而不是什么冥冥之中的主宰!"

所以,纵使每个人都有成为富人的机会,你也不能只是静候财富的垂青。如果你不能遵照既定法则行事,如果不能通过自己的意志与行动争取财富,不能走上正确的创业道路,那么你便会被这条可以让任何人致富的法则所抛弃。

感恩定律:感恩让你更加富有

感恩能让你用一种宏观的眼光审视这个世界,也能阻止你陷入诸如"财富物质是有限的"之类的错误思想当中。

——《失落的致富经典》

世界上最大的悲剧和不幸莫过于人们普遍抱怨:"没有人给过我任何东西。"每个人和身边的人与事都有千丝万缕的联系,一个人可能从来没有主动给予他人任何好处,但却一定从其他人那里得到过利益,比如微笑的感染、鼓励的力量、忠诚的告诫。

我们应当心存感恩,要时时感谢周围的一切,因为正是它们的存在,我们的愿望才会变成现实。感恩,是一种歌唱生活的方式,它来自对生活的爱与希望。

在日本"推销之神"原一平的奋斗史中,最受人们推崇的是"三恩主义",即社恩、佛恩和客恩。

作为保险巨人,并被尊称为"推销之神",原一平并没有傲慢自大,反而处处谦卑有礼,并时时刻刻不忘感谢公司的栽培。他认为若没有公司提供的平台,就不会有自己的成就,原一平的成功,除了依靠他的刻苦奋斗,也离不开串田董事长的知遇和栽培。因此他十分感谢和尊重公司及公司的管理者,甚至晚上睡觉时脚都不会朝向公司的方向,这就是所谓的"社恩"。

他还常常感谢自己的启蒙恩师吉田胜逞法师、伊藤道海法师,他常常说:"如果没有他们的一语道破及指点迷津,或许原一平还只是一名推销的小卒呢!"这就是"佛恩"。

客恩就是对参加保险的客户以及周围合作的同事心怀感激。原一平通常都只留下自己所得的10%,其余皆回馈给公司及客户。

由于对公司的感恩情结,原一平处处为公司的利益着想,为客户提供无微不至的服务,这使他得到上司的认可、客户的回馈,为他的成功开拓了更宽阔的道路。

感恩之心像是一双有力的翅膀,帮助原一平登上了事业的更高峰。按照原一平的观点,当我们获得了某些美好的事物时,就应该向这事物本身以及所有和它相关的人与物表达感谢,我们对生活的感激越多,这些美好的事物就会来得越快,我们的收获也会越多。

感恩,可以使人浮躁的心灵得以平静,也使一个人能够以全新的角度看待自己的处境,从而使一个人更加积极、更有活力。当我们怀着感恩的心工作时,就能够享受工作,获得愉悦的心态,也许你自然而然的一个微笑,就能向身边的同事或者对面的客户传达积极的信息,从而收获到意料之外的惊喜。

华莱士认为,感恩还会开阔人们的心胸,让人们摒弃"财富有限"的错误观点,认识到世界上存在无数获取财富的机会。一个人如果真正明白了这一点,就不会因为偶尔错失的机会而抱怨不休,而是会感谢命运还为自己预留着机遇,感谢大自然的福佑,感谢父母的养育,感谢社会的安定,感谢衣食饱暖,感谢苦难逆境。

感恩不纯粹是一种心理安慰,也不是对现实的逃避,而是对待生活的乐观态度,如果一个人心里如果承载着太多消极、琐碎、卑鄙、肮脏的想法,自身也会变得阴暗,从而失去致富的基础,而感恩能够将这些想法从内心驱除,使一个关注美好事物的人本身也变得更加优秀,从而更容易获得财富。

积累定律:最终的胜利是此前成功的累积

请记住,每次行动的结果都将累加在一起,共同作用于你的梦想。

——《失落的致富经典》

松下幸之助是日本最成功的企业家之一,他的经营哲学是：日积月累，用心做好每一天的事。

不论是多么艰巨或者多么琐碎的工作，只要用心去做，都会有回报。用心走好每一步，就能更接近成功，也更靠近财富。松下幸之助常说自己之所以成功，是因为不厌其烦地用心做好每一天的事。他说："我并没有那么长远的规划。珍视每一个日日夜夜，做好每一项工作，这就是我今日能取得辉煌的秘诀。"创业初期，他并没有要建一座大工厂的远大规划，那时他一天的营业额可能只有几日元，于是他期盼有一天能够稍微多一些，达到几十日元之后他会期待一百日元，如此而已，他只不过是在努力地做好每一天的工作。

在一次演讲中，松下幸之助说道："迄今每遇到难题的时候，我都扪心自问，自己是否以生命为赌注全力对待这项工作？当我感到非常烦恼苦闷时，往往是没有全身心地投入工作。由此我便会重新振作，全力向困难挑战。有了勇气，困难便不成其为困难了。"

"让青年胸怀大志的确是件好事，然而，为达到这个目的，需要日积月累，珍视每一天的每一件工作，由此而循序渐进地有所进步，长此下来，最终将成就伟大的事业。"松下幸之助就是这样去实践,才取得了事业的成功。

松下幸之助的经验告诉人们:世界上没有立竿见影的事,无论是求知还是获取财富,都需要循序渐进的过程,任何人都不可能"一步登天",但也不必气馁,更不必认为自己永远没有机会获得成功,因为现在每一个小小的进步都是日后成功的累积因素。

现在,很多人往往认为财富只属于少数人,是那些富翁、明星、或者幸运儿们的事情,而自己不过是一个为了生存而工作的人,自己辛勤劳动、付出时间以及提供相应的能力,只是为了换取一份薪水而已。

事实上,当你在思想上认为你所做的一切只是为了谋生时,你已经走入了误区,那就是你的心已经被斤斤计较的思想所占据,从而变得目光短浅——做任何事情时都在考虑是否获得了等价的报酬,你会过于在意目前的各种保障而忽视了对自己能力的提高,从而无法积累经验与收获,也错过了更多的财富。

循序渐进、日积月累对于每个人来说都很重要,我们应该像大海一样生活，积累每一滴雨水，欢迎每一道细流。财富目标的实现也是如此，不可能一蹴而就，更不可能一步登天，必须一步一个脚印，脚踏实地完成。真正的成功，都不是一次获得的，但是每一个小小目标的完成，都会促成我们大的目标的实现。

人脉定律：储存人脉胜过储存黄金

除了环境因素当中的天时和地利之外，人和也是很重要的。因此，你需要与他人建立良好的人际关系，为自己的发展和致富创造有利环境。当你和你的处事方式获得了大家的认可之后，财源滚滚就不再是空中楼阁了。

——《失落的致富经典》

"与太阳下所有能力相比，我更关注与人交往的能力。"这是美国石油大亨洛克菲勒的成功经验之一，卓越的人脉沟通能力成就了他辉煌的事业，也为他赢得了财富。在生活中，很多成功人士都深刻意识到了人脉资源对自己事业成功的重要性。

曾任美国某大铁路公司总裁的史密斯先生说过:"铁路的95%是人,5%是铁。"人的成功亦是如此,美国成功学大师卡耐基经过长期研究后得出结论:"专业知识在一个人成功中的作用只占15%,而其余的85%取决于人际关系。"专业本领往往只能给人带来一种机会,而交际本领则可能带来百种、千种机会;有了专业本领只能利用自身能量,而交际本领则可使人充分利用外界的无限能量。所以,无论一个人从事什么职业,处理好人际关系,储存好人脉就相当于走过了成功之路上85%的路程。难怪洛克菲勒会说:"我愿意付出比天底下得到其他本领更大的代价来获取与人相处的本领。"

所以,一个人要想成功,想要获取财富,就一定要建立适于成功的人际关系,储存人脉资本要比储存黄金本身更有价值。一个没有良好人际关系的人,即使知识再丰富、技能再全面,也得不到施展的空间。但是,一个储存了优质人脉的人,会得到更多发展机会。

在第二次世界大战经济萧条时期,德国许多中小型企业纷纷破产,大多数企业只好关门大吉。其中一家水果店也受到了很大冲击,惨淡经营,举步维艰。

然而这家水果店的老板很有经济头脑,他不甘心就此失败。一番苦思冥想之后,他想出了一个好办法:他派人去苹果产地预先订购了一些苹果,在成熟以前用标签贴在苹果上,当苹果完全变红之后揭下标签纸,苹果上就留下了一片空白。

水果店老板从客户名录中挑选了大约200名订货数量较多的客户,把他们的名字用油性水笔写在透明的标签纸上,请人一一贴在苹果的空白处,然后送给客户。几乎所有的客户收到这种苹果后都倍感惊讶,并且十分感动,因为客户们认为这家商店真正把他们奉为上帝。

很快,这家水果店的水果销售量大增,顾客盈门,而且还扩大了门面。

给每个客户送一些苹果并不是一笔很大的金钱投资,但却能得到很多回馈。因为每位顾客接到这份用心的礼物后都会十分感激。就因为这一两个颇富人情味儿的苹果,客户们记住了这家水果店,这位老板也获得了非常宝贵的人脉资源。

人脉的获得不一定非要依靠慷慨的施舍和巨

大的投入。有时候一个温馨的微笑、一句热情的问候,已经足以融化双方之间的壁垒。而这一点看似微不足道的付出,可能会在未来成为帮助你走出绝境的强大助力。

在生活中,财富固然重要,可是储存黄金远远不如储存人脉重要。因为黄金是不可再生资源,花掉了,用完了,也就消失了,但是人脉不一样,你完全可以利用它创造更多的价值。美国激励大师安东尼·罗宾说:"人生最大的财富便是人脉关系,因为它能为你开启所需能力的每一道门,让你不断地成长,不断地贡献社会。"

创造定律:不要觊觎现成的钱财

任何通过不正当竞争所获取得的财富,都不过只是些过眼云烟,并且始终都无法令我们心满意足。今天,你可能是它们的主人,可也许明天它们就成为别人的囊中之物。

——《失落的致富经典》

一粒种子掉进泥土里,便会生根、发芽、成长,并在生长的过程中孕育出成百上千粒新种子,这是自然界的选择,也是生命得以繁衍的方式;一枚金币握在手中,不能成为炫耀的资本或者永久的纪念,只有让它重新进入生产的过程中,才能创造出更多的财富。

致富的过程是创造的过程。那么,什么是创造呢?

有人认为,创造等于收获,但事实并非如此。一定要记住,人生来平等,所以任何人都有实现自我生命价值和创造财富的权利,切不可为了自己的私欲而损害他人的利益。所以,不要认为致富的过程就是竞争的过程,不要争夺他人手中的财富,也不要觊觎现成的钱财。

获得财富的最好方式并不是掠夺,也不是竞争已经被创造出来的财富,而是不断创造出新的东西。觊觎别人财富的人是可怜的,因为他甚至没有认识到自己拥有创造财富的能力:别人拥有的东西,你不用去抢,因为通过创造你同样可以拥有。

乔治退伍回到家乡时,他的父母都已病逝。战争使他和父母长时间失去了联系,而错误的信息更是让他的父母误以为儿子已经阵亡。所以,乔治从一个退伍军人疗养医院回到家乡之后才发现,父母将所有的遗产都留给了叔叔,这也意味着除了战争留给他的一身伤疤,乔治已经一无所有。

当乔治看到叔叔那如同对待强盗似的小心翼翼的眼神时,他觉得自己被伤害了,所以他果断地拒绝了叔叔一家虚伪的挽留,独自一人默默地离开了。虽然一贫如洗,但他对自己的未来还是充满信心。

一次,当他从洗衣店里取回自己的衬衫后,他的生活再次发生了转变。

乔治知道很多洗衣店,在烫好的衬衣领上加一张硬纸板,防止变形。他写了几封信向厂商洽询,得知这种硬纸板的价格是每千张4美元。他的构想是,在硬纸板上加印广告,再以每千张1美元的低价卖给洗衣店,赚取广告的利润。

乔治立刻着手进行这个构想。广告推出后,乔治发现客户取回干净的衬衫后,衣领的纸板丢弃不用。

他不断地问自己:"如何让客户保留这些纸板

和上面的广告?"

后来他在纸卡的正面印上彩色或黑白的广告,背面则加进一些新的东西——孩子的着色游戏、主妇的美味食谱或全家一起玩的游戏。结果他成功了。有一位丈夫抱怨道,他的妻子为了搜集乔治的食谱,竟然把可以再穿一天的衬衫送洗。

像乔治这样的人是真正强大的人,因为他从未想过去拿走属于别人的东西,即使那些财富本来就应该是属于自己的,然而一旦划归到别人的名义之下,乔治连想都不会再想,更不会去掠夺。而且,他没有盯着那些已经被创造出来的财富,他将视线放在了那些潜在的无限财富中,因为他知道自己有能力利用宇宙间丰富的资源,创造出更多的财富。

所以,在做出任何行动之前,请明确这样一条原则:你寻求的并不是属于别人的财富,你可以自己创造你所需要的,这种财富才是无限的。

第二节　致富是人生的权利

致富的机遇不可垄断

没有谁会一直穷下去,除非是他自己安于现状,不愿摆脱贫穷,因为这世上没有谁能把原本属于他人的机遇没收,也没有谁能够垄断财富,阻止他人致富。

——《失落的致富经典》

每一个渴望致富的人都应该听一听华莱士的观点:世界上没有人贫困是因为机遇远离他,也没有人贫困是因为别人用篱笆墙把财富圈起来;没有人可以独占世间所有的财富,也没有人能够垄断致富的机会。

有人曾说:人是命运的奴隶,但这种命运并非宿命,而是一种机遇以及捕捉机遇的能力。获得财

富也需要机会,并且这机会并非难以获得。在世界上那些渴望成为富翁的推销员之间流传着这样一个故事:

两个欧洲的推销员到非洲去推销皮鞋。由于炎热,非洲人向来都是打赤脚。

第一个推销员看到非洲人都打赤脚,立刻失望起来,郁郁地回了欧洲。

另一个推销员看后却惊喜万分:"这些人都没有皮鞋穿,这里的皮鞋市场大得很呢!"于是他想方设法,引导非洲人购买皮鞋,最后发了大财。

两个推销员面对的是同样的市场、同样的客户,但他们对商机的判断截然相反,于是一个人灰心失望,不战而退,而另一个人满怀信心,大获全胜。这两个起点相同的推销员一个依旧像当初一样,而另一个成了富翁,难道你能说发财的机会被后者独占了吗?命运赐予他们的机遇明明是相同的啊!所以,不要抱怨命运不公,也不要为贫穷寻找借口,时机不是等来的,而是要去主动发现并在它消失之前一把抓住。

财富之神会光顾世界上的每一个人,机遇处处存在,但能否把它变成财富并不取决于所谓的"命",而就在于人本身。人一生的命运就是由一连串的机遇连接而成的,每个人都是自己命运的设计师。你能否顺利实现自己的财富梦想,关键在于能否抓住机遇。

若想从正面拥抱机遇,除了需要广博的知识、充分的才华、健康的体魄之外,还需要具备一定的心理素质:敏锐、勇气、主动性。

1.敏锐

这是一种对机遇的高度敏感,一个人做任何事时都要尽量细致并谨慎,以能够从容易被人忽略的细节里嗅出机遇的所在,并牢牢地抓住它。

2.勇气

一位叫塞缪尔·约翰逊的英国作家说:"才智和勇气必定满意地与机遇共享荣誉。"每当面临新的机遇,在斟酌得失之时,人们往往会因恐惧而怯懦。这时你需要的就是勇气。胆怯退缩,再好的机遇也只能遗憾地错过。

3.主动性

机会是现成的吗?就像河塘里的鱼只等着你去

捕捞？不，很多时候，你是看不到机遇的。这时需要你发挥主动性，自己动手创造机遇，哪怕这种可能性只有万分之一。

除了上述几点，要抓住机遇还要特别注意品格的修养，要有不慕虚荣、脚踏实地的敬业精神和生活态度。做到这些，即使你并未刻意去寻找机遇，机遇也将在你务实的工作中自然地被创造出来。

一位哲人曾说："每一天都会有一个机遇，每一天都会有一个对某个人有用的机遇，每一天都会有一个前所未有的也绝对不会再来的机遇。"世界是一个充满了财富与成功梦想的许愿池，还是一个为所有人提供了圆梦机会的梦工厂。

像"法拉第一不小心，一个线圈从一块强磁铁旁边掉到地上。这时桌子上电流计的指针突然轻微地摆动了一下，法拉第因此发现了电磁感应现象，这标志着电磁时代的开始"这样的故事不是难以实现的童话，但也千万不要因此认为机遇会主动跑到你的身边，你还应该知道，从1822年法拉第在日记中写下"把磁转变成电"的光辉思想直至1831年电磁感应现象的发现，他顽强地奋斗了十年！

穷人最缺少的财富是梦想

缺乏原始资本并不是我们致富路上的最大绊脚石。

——《失落的致富经典》

穷人最缺少的是什么？对于这个问题，很多人第一时间内给出的答案都是：金钱。但是，金钱的确是穷人最缺少以及最需要的东西吗？

法国富翁巴拉昂去世后，《科西嘉人报》刊登了他的一份特别遗嘱：

我曾是穷人，但当我走进天堂时，我却是一个大富翁。在跨入天堂之门前，我不想把我的致富秘诀带走。在法兰西中央银行，有我一个私人保险箱，那里面藏有我的秘诀。保险箱的三把钥匙在我的律师和两位代理人手中。

谁若能通过回答"穷人最缺少的是什么"而猜中我的秘诀，他将得到我的祝贺。当然，那时我已不可能从墓穴中伸出双手为其睿智欢呼，但他可以从那只保险箱里荣幸地拿走100万法郎，那是我给予他的掌声。

遗嘱刊出后,《科西嘉人报》收到大量信件。绝大部分的人认为,穷人最缺少的是金钱。穷人还能缺少什么?当然是钱了。还有一部分人认为,穷人最缺少的是机会,穷人最缺少的是技能,穷人最缺少的是帮助和关爱。总之,答案五花八门。

一年后,也就是巴拉昂逝世周年纪念日,律师和代理人按巴拉昂生前的交代,在公证部门的监督下打开了那只保险箱。

在48 561封来信中,一位叫蒂勒的小姑娘猜对了巴拉昂的秘诀。蒂勒和巴拉昂的答案都是:穷人最缺少的是梦想,也就是成为富人的梦想。

穷人最缺少的并非金钱、机会,而是梦想。故事中的富翁巴拉昂最初也是个穷人,但他并没有因为贫穷而扼杀了自己成为富人的梦想,也没有因为资金的匮乏止步于追逐财富的路上。这个世界上或许有天生的富翁,但即使你是富人的后代,若不善持家或不再努力,而是一直依靠前人积攒的财富,那么总有一天,你还会变成一个穷人。

天下还有许多赤贫者,为生活奔波忙碌,片刻不得清闲但收获甚微。穷人受穷总是有各种各样的理由，但不要因为暂时的贫困而忘记这样一个真理：没有永远的富翁，也没有天生的穷人。在这个天高任鸟飞、海阔凭鱼跃的时代，每个人都面临各种各样创造财富神话的机会。千万富翁不是不能实现的奇迹，亿万富翁也不是不可触碰的神话。上天青睐每一个想成为富人的人，只要你憎恨贫穷，只要你渴望富有，只要你脚踏实地，那么你就有可能成为富人。

那些最后真正获得财富的人往往也都是白手起家，但他们从一开始就相信自己很富有。他相信自己有挣钱的能力，他的头脑里没有怀疑和恐慌的思想，他从不谈论贫穷，也不思考贫穷。即使他困窘到衣食像一个寒酸的乞丐，也不会像乞丐一样低头走路，因为他的头脑里没有消极、贫穷、匮乏思想的影子。

贫穷往往趋向于以贫为忧的人，它是一种思想疾病，如果你正因此备受煎熬，如果你是贫困的牺牲者，那么你应改变思想，不要总是去想痛苦、萧条和贫困这些灰暗的词语，而是要常常去想富有和充裕、自由和快乐。

卷二《失落的致富经典》

冒险与收获常结伴而行

当机会来临时,千万不要因为它无法实现你所有的梦想就拒绝它。

——《失落的致富经典》

比尔·盖茨说:"所谓机会,就是去尝试新的、没做过的事。"人们做任何事都有成功和失败两种可能。当失败的可能性比较大时仍然坚持去做,自然有几分冒险,但如果你能确定你将要做的事情中潜藏着成功的可能性,并且这种成功对你来说至关重要,而失败确是可以承受的,那么就不要犹豫,而是要坚定地采取行动。

这时候,冒险与收获常常是结伴而行的。险中有夷,危中有利。所以,如果想拥有卓越的人生,有时候就要敢冒风险。那些不敢冒险的人,很快就会丧失基本的竞争力,又哪来成功的机会呢?

有一个农夫站在空旷的庄园旁边,愁眉不展。

一个路人经过时问他:"这么一大片土地都是你的吗?"

"是啊。"农夫无精打采地回答。

路人好奇地又问道:"您在田里种了麦子吗?"

农夫回答:"没有,我担心天不下雨。"

"那你种棉花了吗?"那人又问。

"没有,我担心虫子吃了棉花。"

"那你到底种了什么呢?"

农夫说:"什么也没有种,我总是担心自己会受损失。"

一个不敢冒险的人,可能就会像这位农夫一样,到头来虽然一无所失,却也一无所得。他们在回避困难的同时,也失去了收获财富的机会。其实,风险的另一面往往就是机会,人生本来就是一场冒险,走得最远的是那些愿意去做、愿意去冒险的人。

作为世界著名的企业,微软向来青睐具有冒险精神的人。因为在比尔·盖茨的观念中,现实的拥有来自潜在的可能,只有勇于尝试,才可能把这些潜在的财富挖掘出来。所以微软宁愿冒失败的危险选用曾经失败过的人,也不愿意录用一个处处谨慎却毫无建树的人。在微软,大家的共识是,最好是去尝试机会,即使失败,也比不尝试任何机会好得多。

日本的大都不动产公司创始人渡边正雄也是一位敢于冒险,善于将潜在的可能变成现实的人。

渡边正雄曾是一个小商人,当他发现不动产行业的前途时,便果断地中止了自己当时经营的事业,到一家不动产公司寻找工作,以便积累经验。但是那家公司并不肯聘用他。于是,渡边提出免薪工作一年。

在这一年中,渡边充分了解了这个行业的内情,当这家公司准备聘用他时,他却离开了。筹集资金后,渡边开始涉足房地产。

当时正值战后,日本经济迅速复苏,随着人们收入的增长,城市污染也逐渐加剧。渡边看准商机,在市郊买下几百万平方米山地。当时很多人都不看好,觉得渡边的决定非常愚蠢。但是随着渡边对这片土地的改造和周围交通设施的提高,越来越多的人开始关注这里,一些富人纷纷前来订购别墅和果园。一年之后,这块山地便卖掉了大半,渡边赚到50亿日元,他并没有把这笔钱存起来,而是继续投入到对这块地产的开发中,并在余下的土地上盖起了更为豪华舒适的别墅。三年之后,这块山地变成了一座漂亮的别墅城市,而渡边所赚的钱也达到了数百亿日元之多。

在一次总结自己成功经验的演讲中,渡边说:"我之所以能成功,就是因为我敢于冒险。我在选择一个投资项目时,如果别人都说可行,这就不是机会——别人都能看见的机会不是机会。我每次选择的都是别人说不行的项目,只有别人还没有发现而你却发现的机会才是黄金机会,尽管这样做冒险,但不冒险就没有赢,只要有50%的希望就值得冒险。"

敢于冒险,是挑战成功的第一步,敢冒风险的同时又拥有敏锐的商业意识和稳妥的行事作风,成功与财富便唾手可得。

致富并非去做他人做不成的事

致富不是做他人做不成的事。在现实中,有很多人从事同样行当、几乎在做着同样工作的人,其中一些人发家了,而另一些人仍然贫困甚至破产。

——《失落的致富经典》

致富并不是去做他人完不成的事情,财富排行榜上的富人,有些可能依靠的是家族的资本,但有更多都曾是一贫如洗的穷人,既然他们能够摆脱困窘的命运,你也可以。

在大多数人的想象中,富裕都是难以企及的,但致富果真如我们想象的那样困难吗?

在英国剑桥大学,很多曾经在剑桥求学的人经常到学校的茶厅举行聚会,他们其中包括诺贝尔奖的获得者、政坛风云人物、杰出的经济学家、腰缠万贯的大亨等,都是非常有影响力的成功成功人士。他们举办聚会时,也常常邀请学校里在读的学生参加。

1965年,一位韩国留学生在剑桥攻读心理学时常去旁听这样的茶餐会。他发现这些人幽默风趣,举重若轻,把自己获得的名誉和财富都看作顺理成章的事情。他们并不像自己在国内时所见到的那些成功人士一样,为了让正在创业的人知难而退,普遍夸大自己创业的艰辛。

他心中一动,觉得很有必要对韩国成功人士的心态进行深入研究。1970年,他把《成功不像你想象的那么难》作为毕业论文,提交给了现代经济心理学的创始人威尔·布雷登教授。布雷登教授读后,大加赞赏,并写信给他的剑桥校友——当时坐在韩国政坛第一把交椅上的朴正熙。他在信中说:"我不敢说这部著作对你有多大的帮助,但我敢肯定它比你的任何一个政令都能产生震动。"

这位韩国青年不仅用理论论证了成功的获得并不像人们所认为的那样困难,同时也将自己的理论付诸行动。后来,他成了韩国泛亚汽车公司的总裁。

这位韩国留学生想要告诉人们的是:在做任何事之前,不要因为畏惧而不敢迈出脚步,只要你对某一事业感兴趣,长久地坚持下去就会成功,因为上帝赋予你的时间和智慧够你圆满完成它。

虽然很多渴望一夜暴富的人最终都失败而归,但这并不能说明富裕难以企及,而是因为他们采取的方法不对,他们心存侥幸,渴望用最少的努力换取最多的财富,于是参加各种各样的赌博,比如赌球、买彩票、玩股票……但是天上不会掉馅饼。即使偶尔掉一次,也不会落在这些人的头上。排行榜上的那些富人,没有一个是靠买彩票排上去的,也没有一个是靠投机富甲天下的。

一切事情的开头总是充满困难,无论是潜心于学业,还是苦苦经营事业,都会有所斩获。财富也是如此,它有诸多存在形式,并不仅仅是生长在高山之巅的雪莲,还可能是脚底的一粒细沙。财富的获得并没有那么难,也没有那么遥远,只要你按照致富的既定法则,遵守那些可以创造财富的定律,就能获得财富,因为没有比脚更远的路,任何事情都可以依靠一步一步的努力而实现。

第三节　靠近财富才能拥有财富

致富,请先"财迷心窍"

你必须知道,你对财富的渴望是这世间最自然,也是最崇高的渴望,只要你能够坚信这一点,你的思想就会变得坚不可摧。

——《失落的致富经典》

世界上不想得到财富的人大概是有限的,但能够把自己对财富的渴望真实表达出来的人也不多。按照传统和主流的观点,人们对金钱的欲望似乎不宜宣扬,最好还是隐藏在内心比较好,连《圣经》上都说:"爱钱是万恶之源。"

事实上,《圣经》中的这句话强调的是获取钱财的不正当活动会给人类带来危害,但金钱本身是没有罪过的。这句话与"钱是万恶之源"虽然只有一字之差,意思却完全不同。钱可以危害社会,也可以造福人类,关键就在于掌握金钱的人。善者用钱造福,恶人用金钱制造罪恶,如果把这一切都归罪于金钱显然是不公平的。

所以,不要把内心的财富欲望当作庸俗甚至肮脏的想法,渴望拥有财富、成为富人的想法再正常不过,甚至还有几分高尚:因为从理性的观点来看,金钱是人们用来交换的中介,通过金钱,人们才能实现自身创造的价值,同时也为他人与社会提供便利。

华莱士认为,想得到财富,必须先将财富的观念送入潜意识,不论何时何地,心中先相信你会有很多财富。

很多穷人在致富之前,常常做的一件事就是当自己身心轻松时,每天重复去想:"我热爱金钱,它能给我带来财富、名誉、地位,也让我有能力为他人多多付出。同时,我希望能得到更多的财富,金钱确实是个好东西,希望它会源源不断地流进我的钱包,我一定将它用在适当的地方。"虽然在很多人看来,这样的想法未免会给人"财迷心窍"的感觉,但是他们却坚信这段话,同时诚实努力地投入工作,就这样,他们不知不觉地就积累了很多财富,直到某一天他们惊奇地发现自己居然拥有了那么多金钱。

富人与平常人的区别之一不是赚钱本领的高低,而是对于金钱的不同态度。在这方面,以善于经商而著称的犹太人或许能给我们一些启示。

犹太人之所以能够成为最富有的民族,重视金钱是一个极其重要的原因。在犹太人的一些经典著作中有很多关于金钱的教诲,如人的身体各部分皆依靠心而生存,心则依靠钱为生;伤害人的东西有三种:烦恼、争吵、空的钱包,其中最会伤人的是空钱包。犹太人认为,《圣经》可以投放光明,而金钱能够投放温暖;而那些甘心过贫穷日子而不奋斗进取的人既成不了伟人,也不值得尊敬。

因此,当其他人仍然表达着对金钱的憎恶与不屑时,犹太人已经形成了对金钱的崇拜:金钱成为独立的并凌驾于其他价值尺度之上的尺度。于是,在犹太民族中,人与人的交往越来越多地发生在市场氛围中,市场经济中的钱取代了自然经济条件下的神。

正是犹太人对金钱的价值观,激发了他们对金钱执著的信念,这对他们资本的积累和增值起到了极其关键的作用。

对于自己急于赚钱的想法,人们没有必要掩饰,更没有必要否认,因为赚钱并没有什么罪恶可言,只要你的方法是合法的。真正成功创富的人,无不把财富当做自己毕生追求的对象。钢铁大王卡内基说:"我非常喜欢赚钱,我从心里觉得贫穷是不对的事情。"松下幸之助也曾经说过:"贫穷是一种罪恶,贫穷是人类缺乏能力的表现。"所以,对更多财富的正常渴望,既非罪孽,也不应受到谴责,它是人们对富足生活的向往,是人们共同的美好愿望。

事实证明,在同情、智慧以及正直等道德前提下,对金钱的热爱是一种积极向上的力量,它足以拨动勤勉的齿轮,催促人们在创富的道路上快步奔跑。

认真描绘财富图景的细节

你必须非常清楚自己想要的究竟是什么,并且用形象的画面和清楚的语言明确地表示出来。尚未定型,或是模糊的愿望是无法实现的,更无法帮助你将创造性的力量投入到实际行动当中。

——《失落的致富经典》

华莱士有个穷学生,他独自居住在一间租来的小房子里,房间内的一切都是他依靠自己的努力一点点积攒起来的。但那时候他常常陷入苦闷,他知道自己好像缺少很多东西,也明白目前的状态需要改变,但他并不知道具体该怎么做。

在华莱士的指导下,他开始一点点地规划自己的生活,把自己对未来生活的憧憬与向往具体化,在头脑中描绘了一幅似乎可以清晰看到每一个细节的图画。

比如当冬天到来时,他会在这幅画中增添一张绿意盎然的新地毯和一个可以抵御严寒的无烟煤炉,当他确定了自己近期想得到的这两样东西并为之付出努力后,他真的很快得到了它们。

后来,这个学生对华莱士说:"我必须每时每刻都知道自己想要的东西是什么,它具体是什么样子,只有这样我才能够保持清醒的头脑,把这些念头深深印刻在心里,并将所有的渴望融于实际行动中。"那时,这个学生已经彻底摆脱了过去的困窘,成了一个生活富裕的人。

华莱士认为,在获得财富的过程中,一个人必须时刻保持清醒的头脑,拥有明确的目标,并清楚地知道自己究竟想要什么,这幅图像越清晰越好,这样,那些极具创造力的思想就有可能能够作用于潜在的物质,并把一个人的渴望变成现实。

优秀的效率提升大师博恩·崔西说:"成功最重要的是知道自己究竟想要什么。成功的首要因素是制定一套明确、具体而且可以衡量的目标和计划。"每个人都渴望成功,都渴望实现财富的自由,都渴望做自己想做的事,去自己想去的地方,但是想要成功就必须达成自己设定的目标。

有目标未必能够成功,但没有目标的人一定不能成功。世界上那些顶尖的成功人士和创造了财富升华的巨商们都不是在成功之后才设定目标,而是设定了目标才得到了成功。

美国哈佛大学的研究组曾对一批毕业生进行了关于人生目标的调查,结果如下:

其中27%的人没有目标;60%的人目标模糊;

10%的人有清晰而短期的目标;只有3%的人有清晰而长远的目标。

25年后,研究组再次对这批学生进行了跟踪调查,结果是:

那3%的人,25年间始终朝着一个目标不断努力,几乎都成为社会各界成功人士、行业领袖和社会精英;10%的人,他们的短期目标不断实现,成为各个领域中的专业人士,大都生活在社会中上层;60%的人,他们过着安稳的生活,也有着稳定的工作,却没有什么特别的成绩,几乎都生活在社会的中下层;剩下27%的人,生活没有目标,并且还在抱怨他人,抱怨社会,抱怨社会不给他们机会。

所以,制定一套完整而可行的目标,认真描绘自己财富图景中的每一个细节才是应做之事。你所描绘的图像越清晰、越明确,你就会越加努力地仔细研究它,将其中所有令人兴奋的细节引导出来,进而你的渴望会更加强烈,这样你就更容易将自己的注意力集中到你渴望的事物上。财富目标的制定也需要技巧,以下的原则可以适当借鉴:

1.目标要具体。如收入目标、健康目标、业绩目标,无论什么目标都应该具体化。

2.目标应可量化。如在设定收入目标时,你可以制定"年薪为10万"或者"年薪增加5万"的目标,而不要说"我要使收入有所增加"。

3.目标要具有挑战性。目标是用来超越的,而不是用来达成的,没有挑战性的目标很难激发人的热情,即使达成了也常常没有太大的意义。

4.要大小结合,长短结合。既要设定长远目标、大目标,又要设定短期目标、小目标。成功就是每天进步一点点。一般来说,短期目标、小目标比较容易完成,实现目标能增加自己冲刺下一个目标的信心和动力;而长期目标、大目标引导着人生的方向,更是不可忽视。

5.目标的实现要有时间限制。设定目标如果不设定时限是没有意义的,人都有惰性,也易养成拖延的习惯。目标没有时限,人就没有压力,没有压力也就没有动力。

思维的僵化造成物质的困窘

思想是创造力之源,也是引导创造力转化为行动的驱动力;按照"既定的法则"进行思考将给你带来财富。

——《失落的致富经典》

法国作家巴尔扎克说:"一个能思考的人,才真正是一个力量无穷的人。"思考与财富也有着紧密的联系,尤其是那些能够跳出思维定式的人,获得的收益往往比以常规思维思考的人要多。富有创意的思维方式不应该仅仅是顺时针的,偶尔打破僵化的思维有可能帮我们节省一大笔开支。

某天,一位先生走进了银行。

"请问先生,您有什么事情需要我效劳吗?"银行的营业员一边热情地询问,一边细心打量着来人的穿着:名贵的西服、高档的皮鞋、昂贵的手表,还有镶宝石的领带夹子……

"我想借点钱。"

"完全可以,您想借多少呢?"

"1美元。"

"只借1美元?"营业员惊愕得张大了嘴巴。

"我只需要1美元,可以吗?"

营业员虽然有些困惑,但仍然礼貌地说:"只要有担保,无论借多少,我们都可以照办。"

听到这句话,他从皮包里取出了一大堆股票、债券等放在柜台上:"这些作担保可以吗?"

营业员清点了一下:"先生,总共价值50万美元,作担保足够了。不过先生,您真的只借1美元吗?"

"是的,我只需要1美元。有问题吗?"

"好吧,请办理手续,年息为6%,只要您付6%的利息,且在一年后归还贷款,我们就把这些作担保的股票和证券还给您……"一直旁观的银行经理怎么也弄不明白,一个拥有50万美元的人,怎么会跑到银行来借1美元呢?

这位先生办完手续正打算走,银行经理追了上去:"先生,对不起,能问您一个问题吗?"

"当然可以。"

"我是银行的经理。我实在想不明白,您拥有50万美元的家当,为什么要借1美元呢?"

"好吧!我不妨把实情告诉你。我来这里办事,随身携带这些票券很不方便,问过几家金库,要租他们的保险箱租金都很昂贵。所以我就到贵行将这些东西以担保的形式寄存了,由你们替我保管,况且利息很低,存一年才不过6美分……"

银行经理这才恍然大悟。

一个人成功与否,思考起着关键的作用,而富有创意的思维更是对财富有着强大的吸引力。故事中这位富人通过自己的思考节省了一大笔开支,也就相当于为自己积累了财富。很多按照常理不能解决问题,通过富有创意的思考,往往会变得容易处理。

在追求财富的过程中,人们最大的限制常常是思想的贫瘠与思维的僵化。循规守旧、一成不变是人们的惰性,它会让人在既定的框架和模式中毫无作为。

因循观望的人常常惊叹他人的创意,而无限的创意其实不过是智慧的推陈出新。人们脑海中的智慧如同燧石,只有不停地敲打它,它才会发出耀眼的光芒。把思维向外扩展一下,把目光放得更远一些,就能拓宽视野,向成功的纵深处挺进,也更容易得到财富。生活教会我们只有不走寻常路,才有路可走。有勇气、有智慧的人们通常会选择走一条人迹罕至的道路,因为另辟蹊径者才会拥有广阔的空间创造属于自己的财富。

善用自我暗示的强大驱动力

你还必须有一个坚定的信念,即坚信蓝图中所描绘的一切都已经是你的囊中之物,坚信你已经将那些"唾手可得"的事物全都收入囊中。在你追求梦想的历程中,这一信念就是支撑你全部奋斗目标的擎天柱。

——《失落的致富经典》

"你有信仰,你就年轻,你若疑虑,你就衰老;你有自信,你就年轻,你若恐惧,你就衰老;你有希望,你就年轻,你若绝望,你就衰老。"美国名将麦克阿瑟将军的话揭示了自我暗示的神奇力量。在心理学上,自我暗示是指通过主观想象某种特殊的人与事物的存在来进行自我刺激,达到改变行为和主观经验的目的。

自我暗示是一种深度的意志力,某些时刻可能具有扭转局势的巨大力量。积极的自我暗示能够帮助人们用更积极的思想和概念来替代过去陈旧的、否定性的思维模式;而消极的自我暗示则是一种可怕的力量,可误导个人的判断和自信,使人生活在悲观的感觉中不能自拔。

马丁·加德纳原来是位医生。他曾做过一个有名的实验:让一个死囚躺在床上,告知他他将被执行死刑,然后用木片在他的手腕上划一下,接着把预先准备好的一个水龙头打开,让它向地上的一个容器滴水,伴随着由快到慢的滴水节奏,那个死囚昏死了过去。

1988年,加德纳把这个实验结果公布出来后,遭到了司法当局的起诉。但是他的实验却证明了一个不争的事实:精神是生命的真正脊梁,如果一个人的精神被摧毁,那么他的生命也就变形了。

正因如此,加德纳竭力反对把真正的病情告诉癌症患者。他认为在美国死于癌症的病人中,80%的人是被内心的恐惧吓死的。

后来,加德纳成为美国横渡大西洋——3V俱乐部的心理教练。在他的指导下,一个叫伯来奥的人一举成名。这位男子驾着独木舟从法国的布勒斯特出发，横跨大西洋和太平洋，历时6个半月到达澳大利亚的布里斯班，创造了单人独舟横渡大西洋的吉尼斯世界纪录。

心理暗示是一种双向的力量：死刑囚犯接受了消极信息的干扰，并因为这种消极的心理暗示昏死过去；而伯来奥却能在积极意志的驱动下完成普通人无法完成的奇迹。这个故事告诉人们：只要保证自己的精神不被击垮，并不断对自己做出积极的心理暗示，就能用意志力战胜现实中的困难。

很多情况下，生活并没有走向绝境，而是人自己过多地受到外来信息的干扰，产生了消极的心理暗示，导致精神深陷困境，无法自拔。我们应该利用自我暗示的力量，给自己灌输一些正面积极的意识，在改变自己的同时，也可更加了解自己，更加相信自己。

若想准确选择对生活有建设性作用的心理暗示，可以注意以下几点：

1、应该用现在时态而不是将来时态进行暗示。比如你应该告诉自己"财富正在慢慢滚入我的钱袋",而不是"我将来会发大财"。

2、在对自己进行积极的心理暗示时,要选择你所需要的关键词,而非你不需要的。比如你最好不要说"我要摆脱贫穷",而应该说"我会变得富有"。

3、你所设计的未来不能太缥缈,而应该具有可实现性。比如"我要在今年赚取500万"的想法可能连你自己都会产生矛盾和抗拒,那么不妨选择一个你心里认同并能接受的数字,比如50万。

4、暗示的语言要简洁有力,不要在冗长的句子中消磨了斗志和激情。

5、不断重复积极的意识刺激,并形成稳定的习惯。

自我暗示的力量让人相信我们可以用意志和语言改变自己,那些积极的词语和句子具有强大的驱动力,可以把潜意识转化为成功的工具。要实现财富梦想、达成成功目标,需要反复对自己做出积极的暗示,并在此基础上全力拼搏,不实现目标绝不罢休。

第四节　做个高效的行动家

找准定位：做最想做的事情

如果你从事的是一份理想的职业,那么你肯定会比其他人更容易获得想要的财富;如果你从事的是一份你想做的职业,那么你在成功致富后所获得的满足感也一定会比别人强烈。

——《失落的致富经典》

一般来说,在任何行业都能致富。如果一个人拥有某行业的专业才能并从事着相关的工作,就会很轻易地获得财富;但是人们同样可以在其他领域获得成功,因为人能在后天不断地培养和挖掘出新的才能。

一个人的才能就像获得财富必不可少的工具,能够正确使用这些工具就能在很大程度上减少前进路上的阻力,这就是"最适合"的工作。但是,所谓的"最适合"却不一定是最理想的,人们的实际能力与兴趣常常不相吻合。所以,有些人拥有一份他人羡慕的工作,但他自己却始终感觉不到快乐;有些人薪水很高,工作成绩也很出色,却难以获得成就感。

将工作与兴趣相结合是华莱士所提倡的工作方式,虽然他相信人们可以在多个领域中获得财富,但如果一个人能够做自己最想做的事,不仅能获得物质上的收获,还会得到快乐。

菲尔·强森的父亲拥有一家洗衣店,他让菲尔在店里工作,希望他将来能接管自己的事业。但是菲尔却非常厌恶洗衣店的工作,成天懒懒散散、无精打采,在父亲的强迫下,他才会勉强做一些工作,但是心思却完全没有放在店里。这使他的父亲非常苦恼,并因儿子的不求上进而在员工面前深感丢脸。

事实上,菲尔很喜欢研究机械,他常常摆弄一些机械零件,还阅读了大量相关的书。终于有一天,菲尔告诉父亲自己想到一家机械厂工作,做一名工人。抛弃现有的兴旺的洗衣店事业,却出去打工,一切从头开始,父亲对他这种想法完全不能理解,于是横加阻拦,不肯同意。

最后,菲尔仍然坚持了自己的想法,穿上油腻的粗布工作服,开始了劳动强度大、时间更长的工作。但是他不仅不觉得辛苦,反而觉得十分快活,边工作还边吹口哨。工作之余,他又选修了工程学的课程,研究引擎,装配机械。

1944年菲尔逝世之前,他已经成为波音飞机公司的总裁,并带领公司的工程师们制造出了"空中飞行堡垒"轰炸机,为盟军赢得第二次世界大战的胜利立下了汗马功劳。

如果当年留在洗衣店里,菲尔和洗衣店的结果将如何呢?如果他依旧我行我素,恐怕洗衣店将会倒闭,而菲尔也会一贫如洗;如果他肯踏踏实实地经营店里的事业,自然也有可能获得大量的财富,并将父亲的店面扩大数倍,但他可能永远得不到真正的快乐。

一个人如果能根据自己的爱好选择职业,自身的主动性将会得到充分发挥。即使工作十分辛苦,他也会百折不挠地去克服,甚至废寝忘食,并且总是兴致勃勃,心情愉快。爱迪生就是个很好的例子。他每天都在实验室里工作十几小时,在那里吃饭、睡觉,但丝毫不以为苦。"我一生中从未间断过一天工作,"他宣称,"我每天其乐无穷。"

当你为实现财富梦想而制订计划时,要尽可能地多考虑自己的兴趣、爱好,而不必完全顾虑自己的特长和他人的压力,技能和方法上的缺失可以通过学习弥补,而兴趣的空白却是很难弥补的。

一份工作是自己的兴趣爱好所在,该是多么惬意啊!做自己最想做的事,做最适合自己个性、让自己感到快乐的工作,这是你的权利。

不要等财富来敲门

科学家与梦想家之间最大的差别就在于:前者会让信仰和目标不断作用于自己的思想,并为了让脑海中的想象成为现实而努力;而后者只会陶醉于伟大美好的想象中,忽视了信仰和目标的作用。

——《失落的致富经典》

只有行动才能让计划变成现实。很多成功人士都反复强调:成功在于计划,更在于行动;你的财富目标再伟大,如果不去落实,就永远只能是空想。

最削弱生命活力的事情,莫过于总是梦想富甲天下,却从不肯进行一丁点儿的努力去实现这些梦想。眼高手低,有理想而不行动,只会消磨人的意志,摧毁人的创造力。

艾米是一个可爱的小姑娘。和她住在同一个村子里的索顿先生有一家水果店,里面出售像本地产的草莓这类水果。一天,索顿先生对贫穷的艾米说:"你想挣点钱吗?"

"当然想,"她回答,"我一直想有一双新鞋,可家里买不起。"

"好的,艾米。"索顿先生说,"格林家的牧场里有很多长势很好的黑草莓,他们允许所有人去摘。你去摘了以后把它们都卖给我,一夸脱我给你13美分。"

艾米听说可以挣钱,非常高兴。于是她迅速跑回家,拿上一个篮子,准备马上就去摘草莓。

这时,她不由自主地想到,先算一下采5夸脱草莓可以挣多少钱比较好。于是她拿出一支笔和一块小木板,计算结果是65美分。

"要是能采12夸脱呢?"她计算着,"那我又能赚多少呢?""上帝呀!"她得出答案,"我能得到1美元56美分呢。"

艾米接着算下去,要是她采了50、100、200夸脱,索顿先生会给她多少钱。她将不少时间花费在这些计算上,一下子已经到了中午吃饭的时间,她只得下午再去采草莓了。

艾米吃过午饭后,急急忙忙地拿起篮子向牧场赶去。而许多男孩子早已在这之前到达那里,已经快把好的草莓都摘光了,可怜的小艾米最终只采到了一夸脱草莓。

回家的途中,艾米想起了老师常说的话:"办事得尽早着手,干完后再去想。因为一个实干者胜过一百个空想家。"

只有行动才能赋予生命力量。艾米没有赚到钱的原因就在于她没有果断的行动力,以至于坐失良机。一个人如果在一扇门外站得太久,就会在想象中无限放大房间内的困难,最后再也没有力气抬起敲门的手。事实上,最好的方法是推门就进,不给自己犹豫、彷徨的机会。不管怎样,先进去再说吧!

只有行动才能让计划变成现实。一张地图,无论内容多么翔实,比例多么精确,也永远不可能带着主人周游列国;严明的法规条文,无论多么神圣,若不实施就不可能防止罪恶的滋生;凝结智慧的宝典,不付诸行动就永远不可能缔造财富。只有行动才能使地图、法规、宝典、梦想、计划、目标具有现实意义。我们总是计划着未来的富裕生活,但如果不通过行动将其变为现实,计划就永远只是计划。试想一下,如果没有工人的艰苦工作去使之实现,那么设计师的蓝图也不过是一张废纸而已。

人生就是一样,再美好的梦想,离开了行动,就会变成空想;再完美的计划,离开了行动,也会失去意义。如果没有行动,即使钱财摆在你的面前,你也无法真正得到它。

随时付出,乐于付出

你的钱夹不会无缘无故跑进别人的口袋,而你也不能不劳而获。

——《失落的致富经典》

艾伦是一家跨国公司的销售部经理。在这十年前,他只是一家小公司的速记员。对艾伦一生影响深远的一次职务变更是由一件小事情引起的。

一个星期六的下午,一位律师(其办公室与艾伦的同在一层楼)走进来问他,哪儿能找到一位速记员来帮忙——律师手头有些工作必须当天完成。

艾伦告诉他,公司所有速记员都去看球赛了,如果晚来五分钟,自己也会走。但艾伦同时表示自己愿意留下来帮助他,因为"球赛随时都可以看,但是工作必须在当天完成"。

做完工作后,律师问艾伦应该付他多少钱。艾伦开玩笑地回答:"哦,既然是你的工作,大约1 000美元吧。如果是别人的工作,我是不会收取任何费用的。"律师笑了笑,向艾伦表示谢意。

艾伦的回答不过是一个玩笑,并没有真正想得到1 000美元的报酬。但出乎艾伦的意料,六个月后,当他早已将此事忘到九霄云外时,那位律师却找到了艾伦,并且邀请艾伦到自己的公司工作,月薪比现在高出1 000美元。

艾伦不过是在周六的下午放弃了一场自己喜欢的球赛,多做了一些事情,而且他做事的动机是出于帮助别人,但最后他不仅获得了金钱的报酬,更重要的是得到了职业生涯中第一个重要的机会。无限的财富也许就藏在你多付出的一点点努力中。

事情往往就是这样的,你愿意多努力一些,多付出一点,现实就会给你加倍的回馈。多付出一些的目的并不是为了即时得到相应的回报,也许你的投入无法立刻得到他人的肯定,但不要气馁,并且要一如既往地努力,回报很可能会在不经意间以出人意料的方式出现。

付出即会获得,没有人可以不劳而获,这是一个众所周知的因果法则。在这个世界上,到处都有一些看上去能够并且应该成功的人,他们身上有着非凡的品质,眼中也闪烁着智慧的光芒。但是他们最终并没有成功,原因之一就在于他们缺乏勤奋的工作态度,也没有乐于付出的精神。而那些资质一般,并没有什么特别能力的人,反而可以通过勤奋弥补自身的不足,通过付出为自己赢得机会,所以他们常常能够成就辉煌的事业,得到富足的人生。

如果你每次都能为他人提供超出所得的服务,迟早会得到大大超出你的预期的回报。你所播下的每一颗种子,都将生根发芽,并带来丰收。想一想种植小麦的农夫们,如果他们种植一株小麦只能收获一粒麦子,那根本就是在浪费时间。实际上,所有农夫最后从一株小麦上收获的麦粒都远远超出了他们的付出,其收成必定是他所种植的麦种数量的数百倍乃至更多。

我们不仅应该随时准备付出,而且还要乐于付出。在做事之前,不要抱有"先告诉我你能给我多少钱,然后我再向你展示我能够干什么"的想法,相反,你应该这样说:"先让我向你显示我能为你提供什么服务,如果你能欣赏我的服务,我再看你能够给我什么样的报酬。"

保持简单,追求卓越

如果你能在行动中始终保持高效率,并且按质按量且按时地完成了足够多的工作,你就一定能够获得梦想中的财富。

——《失落的致富经典》

华莱士认为衡量成功与否的标准并不是做多做少,而是行动的效率。每次行动,不是成功就是失败;每次行动,不是高效就是低效。

一天只有24个小时,在这1 440分钟内,你能完成多少工作?你所完成的每一项工作是否都做到了最好?效率不仅是衡量一个人能力的重要标准,也是整个社会发展的重要因素。每一个人、每一个组织都要追求最高的效率,这样才能在有限的时间内做更多事情,并把每一件事都做到最好。

成功者一生能创造出平庸人创造的无数倍的价值,也能获得比平庸人多出数倍的财富,因为他们掌握了诸多高效行动的方法,其中有两条方法对大多数人来说都具有借鉴意义。

方法之一是保持简单。

在信息庞杂、速度加快的环境中,人们必须在愈来愈少的时间内,完成愈来愈多的事情。在愈趋复杂与紧凑的工作步调中,"保持简单"是最好的应对原则。

宝洁公司是世界500强企业之一,其人事制度的最大特点就是人员精简、结构简单,最有特色的一条规定是每一项备忘录都不能超过一页。他们推行的是简单高效的工作方法。

哈里担任公司总裁时曾经这样谈论宝洁的"一页备忘录":"从意见中择出事实的一页报告,正是宝洁公司做决策的基础。"他通常会在退回一个冗长的备忘录时加上一条命令:"把它简化成我所需要的东西!"如果该备忘录过于复杂,他会加上一句:"我不理解复杂的问题,我只理解简单明了的。"

"简单"来自于清楚的目标与方向,你知道自己该做哪些事、不该做哪些事。在处理问题时,不妨化繁为简,将牵绊工作效率的障碍毫不吝惜地甩掉。

方法之二是追求卓越。

杰克·韦尔奇管理通用电气时有一条简单明了的规定:一项业务必须做到"数一数二",否则就"整顿,出售,或者关闭"。

1981年,通用电气旗下仅有照明、发动机和电力3个事业部在市场上保持领先地位。2001年,杰克·韦尔奇退休时，通用电气已有12个事业部在各自的市场上数一数二，如果它们能单独排名的话，那么，通用电气至少有9个事业部能进入500强企业之列。这是杰克·韦尔奇推行"数一数二"战略的辉煌成果。在他执掌通用电气的20年时间里，共完成了993次兼并，公司销售额从250亿美元攀升到1 110亿美元。

对制定"数一数二"战略的原因，杰克·韦尔奇曾经做出过解释："当你是市场中的第四或第五的时候，老大打一个喷嚏，你就会染上肺炎；当你是老大的时候，你就能掌握自己的命运，你后面的公司在困难时期将不得不兼并重组。"所以，对卓越事业或者卓越人生的向往，能够给人以强大的推动力，促使一个人以严谨认真的态度对待手中的每一件小事。只有把每一件事做得完美，才能收获最圆满的成功。

保持简单与追求卓越的方法适用于大多数人面对的大多数事。每个行动的力量，不是强大就是软弱；当每个行动都变得强大有力时，就会获得最佳的成效。

让别人感觉到你总是在进步

在做每件事的同时,你都应该给对方留下一个你在进步的印象,从而让所有与你有过接触的人都认为,你是一个不断追求进步的人,而且你还会带动身边所有的人共同前进。

——《失落的致富经典》

世界上最伟大的音乐大师们从未停止过对艺术的追求,为了保持自己的艺术水准并不断提高,他们每天都会抽出大量的时间进行练习。一位古典音乐家坦言:"一天不练,自己知道;两天不练,妻子知道;三天不练,听众知道。"

每个人都应把"每天进步一点点"作为对自己的告诫。一个人想要有伟大的成就,必须每一天都有进步,因为任何一项成功的事业都是小成果的日积月累。华莱士说:"通过本能,人类深知'增加'对生命的重要性,因此,我们一生当中从未停止过对'进取'的追求。"把"每天都要进步"的信念植根于头脑中,并从这个信念中汲取进步的灵感,让它贯穿于行动的始终,如此往复,一个人就能够给别人留下不断进步的印象，自己也会变得更加积极。

纽约的一家公司被一家法国公司兼并了。在签订兼并合同的当天，公司的新总裁就宣布："我们不会随意裁员，但如果你的法语太差，导致无法和其他员工交流，那么我们不得不请你离开。这个周末我们将进行一次法语考试，只有考试及格的人才能继续在这里工作。"

散会后，几乎所有的员工都涌向图书馆去补习法语了。只有一个人像往常一样直接回家，同事们都认为他可能已经准备放弃这份工作了。但令所有人大吃一惊的是，考试结果出来后，这个在大家眼中肯定没有希望的人却得到了最高分。

原来，这位员工自从来到这家公司后，就已经认识到自己身上有许多不足。从那时起，他就有意识地开始了自身能力的储备工作。虽然工作繁忙，但他却每天坚持学一些东西。在销售部工作期间，他同一些法国客户有过接触，但由于自己不会法语，每次与客户的往来邮件与合同文本都要请公司的翻译帮忙，有时翻译不在或兼顾不上的时候，自己的工作就要被迫停顿。为此,他开始自学法语。同时,为了在和客户沟通时能把公司产品的技术特点介绍得更详细,他还专门向技术部和产品开发部的同事们学习相关的技术知识。

他不断学习的目的只是为了丰富和提高自己,却没想到所储备的知识和能力都在关键时刻发挥了作用。当然,这些进步都是需要付出努力、花费时间的,他是如何解决学习与工作之间的矛盾的呢?

对此,他回答得非常轻松:"只要每天记住10个法语单词,一年下来我就会3 600多个单词了。同样,只要我每天学会一个技术方面的小问题,用不了多长时间,我就能掌握大量的技术了。"

每天背10个单词确实不是多么困难的事情,但却非常考验人的毅力和耐性,这位员工令人尊敬,他所花费的每份精力最终都得到了应有的回报。成功就是把简单的事情重复去做,成功就是每天进步一点点。如果一个人每天都有哪怕1%的进步,天长日久,他也必将变得越来越强大。

所谓"千里之行始于足下",任何量变积累到一定程度都会引起质变。无论做什么事,你都要坚信自己是一个不断在进步的人,并通过行动把这种信号传递给他人,如此一来,你既能从他人敬佩的目光中得到坚持下去的动力,也能用"积极进取"的力量感染身边的人,从而带动他人一起追求进步。

保持"进步"的感觉,时时想到你正变得越来越富有,时时想到自己的致富行动能给他人带来利益,也正在帮助他人变得越来越富有。在知识裂变、时空压缩的时代,如果今天的你与昨天的你相比没有进步的话,你就可能会被快节奏的时代无情抛弃。

第五节　最有价值的经验和忠告

价值不需要用牢骚来证明

你应当让自己随时都保持振奋,不要轻易失望。当你的某些愿望没能如期实现时,看起来你似乎已经失败了。但是,只要你始终秉持着自己的信念,很快,你就会发现,当时的失败只是暂时的表面现象而已。

——《失落的致富经典》

一位画家把自己的一幅佳作送到画廊里展出,他别出心裁地放了一支笔,并附言:"观赏者如果认为这画有欠佳之处,请在画上标上记号。"结果画面上标满了记号,几乎没有一处不被指责。一些朋友担心他因此受打击,纷纷劝解并鼓励他。但是他似乎并没有受到多大影响,只是淡然地笑了笑。

过了几日,这位画家又画了一幅相同的画拿去展出,同样放了一支笔,不过这次附言与上次不同,他请每位观赏者将他们最为欣赏的妙笔都标上记号。当他再取回画时,看到画上又被涂满了记号,原先被指责的地方,却都换上了赞美的标记。

同样一幅画,不同的人对它有着不同的评价。人也是如此,并不是每个人都能看到他人的能力和价值,所以,当他人的评价或事情的进展与我们的期待不相符时,不要盲目悲观,更不要对自己失望,要像故事中的画家一样,只要有足够的自信,就能够找到证明自己价值的方法,找到解决问题的途径。

每个人都拥有潜力,只是尚待开掘。所以,不要因为一时的失意而抱怨,更不要去嫉妒别人的幸运。如果你本身是一颗珍珠,纵使被禁锢在坚硬的贝壳之中,迟早也会被人发现;但假如你只是一粒沙子,即使在阳光照射下的海滩上,也不会引起他人的丝毫注意。

约翰从斯坦福大学毕业之后进入了一家规模

很小的财会公司,每天,他像所有新入职的年轻人一样从事着简单的工作。他常常有一种怀才不遇的感觉,因为得不到重用而终日愁眉苦脸,不停地向身边的亲人和朋友抱怨。

一天,约翰终于忍不住心中的愤懑前去质问上帝:"命运为什么对我如此不公平?"

上帝沉默不语,不动声色地从地上捡起一颗小石子扔进了乱石堆里。上帝对约翰说:"请你利用你的才能和智慧,将我刚才扔掉的石子找回来吧!"

约翰翻遍了乱石堆,却无功而返,他不满地说:"您还没有回答我的问题呢!"

这一次,上帝皱了皱眉头,他走到约翰身边,摘下了约翰手上的戒指,再一次扔进了乱石堆。约翰既吃惊又生气,他没等上帝说话便迅速地跑到石堆旁,这一次,他很快便找到了那枚金光闪闪的戒指。

约翰怒气冲冲地走到上帝面前,还未开口上帝却说了这样一句话:"你是那颗石子还是这枚戒指呢?"

看着面带微笑的上帝,约翰恍然大悟:当自己还只不过是一颗石子,而不是一块金光闪闪的金子时,就永远不要抱怨命运对自己不公平。

卷二《失落的致富经典》

当我们因为失败而抱怨现实的不公时,先问一下自己到底是石头还是金子。有的人往往对自己评价过高,一旦遭受挫折,就会觉得自己怀才不遇,从而可能会转向另一种极端:对自己评价太低。这两种心态都是不正确的。

正确的方法应该是准确定位并评估自己的能力,肯定自己的优点,弥补自己的不足,不因一时的失意而气馁,也不因暂时的成功而骄傲。一旦你正确地认识了自己的价值,就请冷静、自信、坚定地守护着你的理想,只要你相信它,它就能实现。不要忘记时刻给自己呐喊加油,很快你就会发现原本可望而不可即的东西已经变得唾手可得。

价值从来不需要用牢骚来证明,一个人唯有先征服自己,才有能力征服他人,让别人信任自己。有位作家曾经说过:"自己把自己说服了,是一种理智的胜利;自己被自己感动了,是一种心灵的升华;自己把自己征服了,是一种人生的成熟。大凡说服了、感动了、征服了自己的人,就有力量征服一切挫折、痛苦和不幸。"所以,当你想要向世界证明自己的能力时,请先让自己相信,你是一个有真正有实力的人,而不是一个"抱怨鬼"。

享受金钱带来的幸福,而非金钱本身

我所说的你应该将所有的时间、精力和思想都集中在获取财富上,并不意味着要你变得利欲熏心或唯利是图。

——《失落的致富经典》

金钱并不是唯一能够满足心灵的东西,虽然它能为心灵的满足提供多种手段和工具。但是在现实生活中,却不能只顾享受金钱而不去享受生活。片面享受金钱只能让自己逐渐堕落,而享受金钱带来的幸福却能够使自己感到身心愉悦。

只享受金钱会使人们的生活主题只剩"金钱"两字,生活就会沦为围绕一张钞票而上演的闹剧。懂得享受生活的人不会成为金钱的奴隶,而是会依靠金钱的力量获得幸福。

美国石油大王洛克菲勒出身贫寒,在他创业初期,他保持着为人的低调、谦虚和正直。但是,当黄金源源不断地流进他的口袋时,他变得贪婪、冷酷。为了获取最多的财富,他秉承着"进攻是最好的防守"的原则,加速着行业内的并购风潮。很多企业因此破产倒闭。盛产石油的宾夕法尼亚州油田附近的居民也深受其害,并对他深恶痛绝。有的受害者干脆做出他的木偶像,亲手将"他"处以绞刑,或乱针扎"死"。

无数充满憎恶和诅咒的威胁信涌进他的办公室。连他的兄弟也十分讨厌他,而特意将儿子的遗骨从洛克菲勒家族的墓地迁到其他地方,他说:"在洛克菲勒支配下的土地内,我的儿子变得像个木乃伊。"

由于为金钱操劳过度,洛克菲勒的身体变得极度糟糕。医师们终于向他宣告了一个可怕的事实,以他身体的现状,他只能活到50多岁,并建议他必须改变拼命赚钱的生活状态,他必须在金钱、烦恼、生命三者中选择其一。

直到这个时候,洛克菲勒才开始醒悟到是贪婪的魔鬼控制了他的身心。他听从了医师的劝告,退休回家,开始学打高尔夫球,上剧院去看喜剧,还偶尔跟邻居闲聊。经过一段时间的反省,他开始考虑如何才能让自己的庞大的财产发挥更大的作用。

1901年,洛克菲勒设立了"洛克菲勒医药研究所",两年后他成立了"教育普及会",后来他又设立了"洛克菲勒基金会"和"洛克菲勒夫人纪念基金会"。

洛克菲勒的后半生摆脱了金钱的束缚,他充分享受金钱所能提供给他的优厚的物质生活,同时也利用金钱寻找到了心灵的平衡与慰藉。

1937年,洛克菲勒逝世,享年98岁。他死时,只剩下一张标准石油公司的股票,因为那是第一号,其他的产业都在生前捐出或分赠给继承者了。

拿得起、放得下才是对待金钱的正确方法,赚钱是为了获得更好的生活,但金钱并非人生的唯一追求。假如人们把追逐金钱当做唯一的目标和宗旨,就会成为被困在金钱陷阱中的猎物,被所追求的财富捆绑起来,也很难得到真正幸福的生活。

金钱就像琴一样,谁不会演奏,它就只会让谁听到刺耳的噪音。18世纪美国最伟大的科学家和发明家本杰明·富兰克林曾经说过:"获得幸福的途径有两种:增加财富或者减少欲望。"如果你已经获得了财富却仍未得到幸福,不妨试着减少自己内心的欲望吧。

卷二《失落的致富经典》

做个驯钱师,不做守财奴

你必须让他人深刻地体会到,通过和你的交往,他们自己也会不断取得进步,获得更多的财富,因为在每次的交易中,你给予他们的是一种使用价值,而这一价值远远大于你从他们那里得到的货币价值。

——《失落的致富经典》

巴勒斯坦有两个海,一个是淡水,里面有鱼,名为伽里里海。从山脉流下来的约旦河带着飞溅的浪花,成就了这个海。它在阳光下歌唱,人们在周围盖房子,鸟类在茂密的枝叶间筑巢,每种生物都因它而幸福。

约旦河向南流入另一个海。这里没有鱼的欢跃,没有树叶,没有鸟类的歌唱,也没有儿童的欢笑。除非事情紧急,旅行者总是选择别的路径。这里水面空气凝重,没有哪种动物愿意在此饮水。

这两个海彼此相邻,何以又如此不同?不是因为约旦河,它将同样的淡水注入,不是因为土壤,也不是因为周边的国家。区别在于:伽里里海接受约旦河,但绝不把持不放,每流入一滴水,就有另一滴水流出,接受与给予同在。

另一个海则精明厉害,它吝啬地收藏每一笔收入,绝不向慷慨的冲动让步,每一滴水它都只进不出。

伽里里海乐善好施,生气勃勃。另外那个则从不付出,它就是死海。

世界上的两种人与巴勒斯坦的两个海非常相像:有些人,热爱自己的财富,但更热爱生活,所以,他们成了财富的主人;另一些人,珍惜自己的金钱就像珍惜生命一样,久而久之,就成了金钱的奴隶。吝啬的人,只能像死海一样死气沉沉;而像伽里里海一样乐于付出,才能得到勃勃生机。

吝啬是一种畸形的人性,吝啬的人并不缺少金钱,然而其灵魂、精神却日趋贫穷。吝啬的人一般都是自私和贪婪的,这类人总嫌自己发财速度太慢、发财"效率"太低,总想不劳而获或者少劳多获,因而常常挖空心思、不择手段地算计他人、算计社会。吝啬者口袋里的金钱或多或少地带有不洁的成分,廉耻、天良、真理都会消失在吝啬者的欲海之中。

卷二《失落的致富经典》

然而,一个守财奴所能做到的无非是牢牢地抓紧自己手中的每一分钱,双手都紧握着,又用什么来创造呢?有的人为自己的吝啬披上了"节俭"的外衣,诚然,节俭不仅是积累财富的一块基石,也是许多优秀品质的根本。节俭可以提升个人的品性,厉行节俭对人的其他能力也有很好的助益。节俭在许多方面都是卓越不凡的一个标志。

节俭的习惯表明人的自我控制能力,同时也证明一个人不是其欲望和弱点的不可救药的牺牲品,他能够支配自己的金钱,主宰自己的命运。

创富就要崇尚节俭,但是必须注意绕开吝啬的沼泽地。有人曾说过:"没有投资就没有回报"。舍不得播种的人也只能收获微薄的果实,对于农民是如此,对于商人亦如此。

英国著名文学家罗斯金说:"通常人们认为,节俭这两个字的含义应该是'省钱的方法';其实不对,节俭应该解释为'用钱的方法'。"合理利用你拥有的财富,它就会成为你获得更多财富的筹码;如果吝啬手中的每一枚金币,那么,它们只会成为仓库里废弃的金属。

不必预支明天的烦恼

不要为了那些将来会出现的种种阻碍你事业发展的障碍而杞人忧天,除非你能确定它们一定会影响到你眼前的工作,而绝不会也不应该是明天会出现的紧急情况。

——《失落的致富经典》

至于未来,它还没有发生,我们一切关于未来的想法只是我们自己一种单纯的设想,它也许会发生,或者根本没有可能。实际上未来可能以一种超乎我们想象的方式发生,经常会是这样的。量子物理学定律说明,任何当下特定行为都存在无限种可能的结果。

这是《失落的致富经典》中一段发人深省的话,按照华莱士的观点,既然未来存在那么多未知的可能性,我们又为何要浪费时间和精力去思考所有将要发生的事情呢?

生活中我们常犯类似的错误,总是预支明天的烦恼,企图将未来可能遇到的烦恼提前解决,以便将来能获得更好的生活。可是事实往往是这样的：无论你在前一天晚上将庭院中的落叶扫得多么干净，一夜秋风吹过，树上的叶子还是会落下来，你无法在今天扫去明天的落叶。过早地为将来担忧，非但于事无补，而且会让自己眼下活得束手缚脚，所以，只有脚踏实地、着眼于现在才能让生活过得轻松，才不会被设想出来的困难吓退。

1871年春天，蒙特瑞尔综合医院的一个医学生偶然拿起一本书，看到了书上的一句话，就是这句话，改变了这个年轻人的一生。它使这个原来只知道担心自己的期末考试成绩、自己将来的生活何去何从的年轻的医学院的学生，最后成为著名的医学家。

这个人就是威廉·奥斯勒，他创建了举世闻名的约翰·霍普金斯学院，被聘为牛津大学医学院的讲座教授，还被英国国王册封为爵士。在他去世之后，用厚达1 466页的两卷书才能记述完他的一生。

那么，改变他一生的那句话到底是什么呢？

在耶鲁大学的一场演讲中，威廉·奥斯勒爵士说："在你们的眼里，我曾经当过4年大学教授，写过一本畅销书,拥有的应该是一个特殊的脑袋。但其实,我也只是一个普通人。我的一生都得益于汤冯士·卡莱里先生书中的那句话:人的一生最重要的不是期望模糊的未来,而是重视手边清楚的现在。"

威廉·奥斯勒爵士认为,他之所以能够获得成功,是因为他生活在一个"完全独立"的今天。这不是说我们不应该为未来做准备,事实上为明天制订计划是人人必须去做的,但为明日做准备的最好方法不是愁肠百结地忧虑,而是集中你所有的智慧和热忱,把今天的工作做到尽善尽美。

不要因为担心明天寻找不到奇异的玫瑰园,而不去欣赏此刻盛放在窗口的玫瑰。记住古罗马诗人何瑞斯的这段文字,它将带给你平静和快乐:

"这个人很欢乐/也只有他能欢乐/因为他能把今天/称之为自己的一天/他在今天里能感到安全/能够说/不管明天会多么糟糕/我已经度过了今天。"

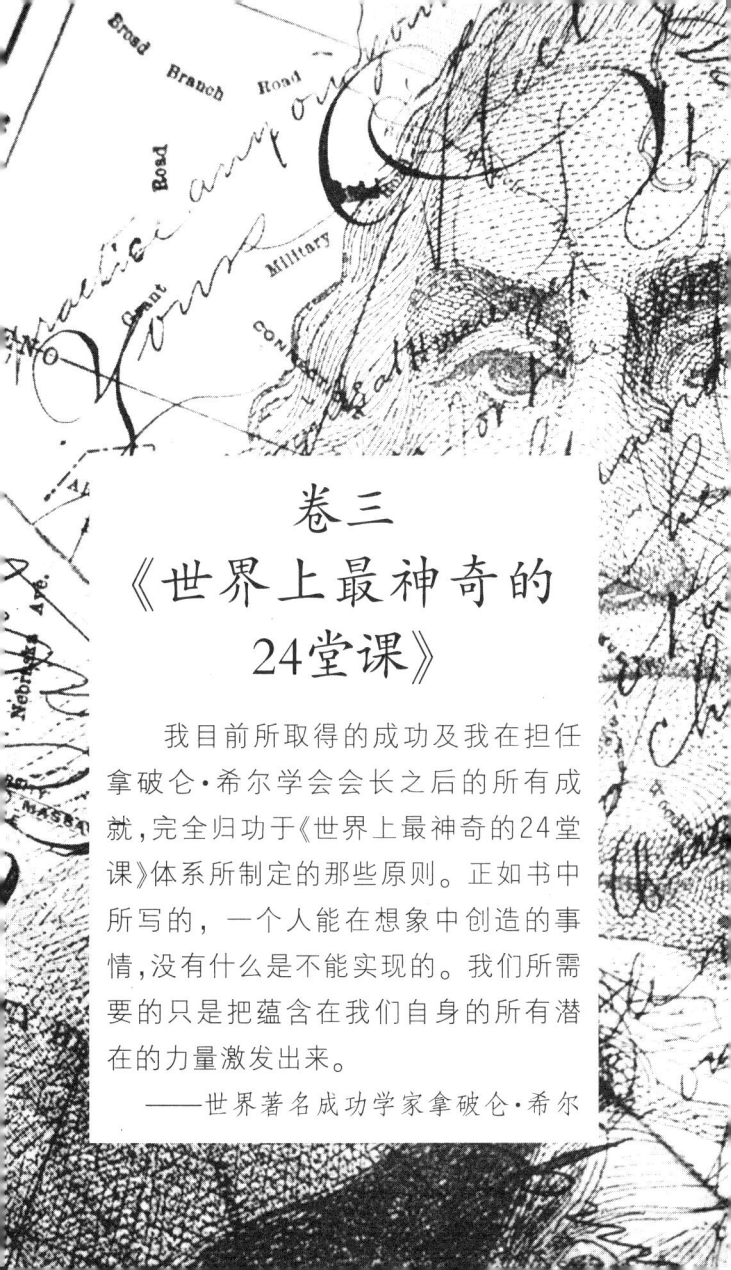

卷三
《世界上最神奇的 24堂课》

我目前所取得的成功及我在担任拿破仑·希尔学会会长之后的所有成就,完全归功于《世界上最神奇的24堂课》体系所制定的那些原则。正如书中所写的,一个人能在想象中创造的事情,没有什么是不能实现的。我们所需要的只是把蕴含在我们自身的所有潜在的力量激发出来。

——世界著名成功学家拿破仑·希尔

作者简介

查尔斯·哈奈尔(Charles F.Haanel),1866年出生于美国密歇根州的安娜堡,1949年去世,是美国著名作家、商界知名人士,同时是美国科学联合会、作家联合会、心理学研究会、圣路易慈善协会和圣路易商会会员。他在圣路易开始了职业生涯,但为了创办自己的公司而毅然辞职。这次选择最终成就了他的事业——他创建的企业集团成为那个时代最大的商业集团之一。

哈奈尔的代表作就是《世界上最神奇的24堂课》。然而,由于本书的秘密内容,受到美国教会和政商各界精英的竭力抵制,并于1933年被列为禁书。本书被禁之后,即成为某些特权人物和精英人士的专读著作,在上流社会中流传。当时,甚至需要花费1 500美元方能得到一部本书的手抄本,直至2003年——70年后才重见天日!此后,有数十个版本面世,成为最热门的畅销书。

卷首语

微软创立于1975年,这家当初名不见经传的小公司日后成为前沿新技术的代名词。与其说创立这家公司是出于比尔·盖茨对计算机技术的热爱,不如说,是一个偶然的机会,让他毅然弃学,开创了微软帝国。

盖茨19岁的时候,他在一位上流社会的同学家偶然看到了一本书,这本书的名字叫《世界上最神奇的24堂课》。正是这本书,开启了少年盖茨最初的梦想。

世界上最著名的成功学畅销书作家拿破仑·希尔,通过本书,他得以致富,每年获取财富105 200美元,而当时美国人均收入不过750美元。通过本书,他写出了自己的成功学著作。他因此专门为这本书写了感谢信。

这本书到底有什么魔力,让盖茨和希尔最终都得以实现自己的梦想,并让更多的人对它产生了好奇?

这本书阐述了生命以及创造性人生的基本原理,是迄今为止关于自我提高和深层自省的最经典作品。从如何致富写到家庭教育,从创业历练讲到职业操守,可谓包罗万象。它传授了为一切成就奠定基础的终极原则、理念、因果和法则。创立了一种有关成功的、全新的、最为实效的体系。

解禁至今,这本书所创立的体系正被越来越多的专业人士注入新的时代力量,使之成为与时俱进,不断自我丰富的价值体。由此组成了以这本书为母体的成功学系统。

本书正是以这种体系为框架,以24堂课的形式重新组合,分别从心灵的自助、自我意识的启发、主动能量的提升、自我关系的设定、子女教育方式的转换、内心的修养与扶助、对职守的坚持、永不放弃的追求力、探求本我的发展之道、直面现实而不恐慌于现实的耐力与突破力等方面,分析当下人们内心的矛盾与纠结,力图通过一个个富有哲理的故事,为读者打开一扇重新发现自我、关照自我的通道。

比如第一课"倾听来自内心的声音和力量",这是一种心灵自助的方式,它所提供的方式其实很显见——排除外界的干扰,释放生命的自由。

它所凸显的是我们自身的宁静,对于外界纷繁事物的取舍。这就像是孟子所言的鱼与熊掌。懂得放弃,懂得取舍,内心就会清净,外物便不会给我们带来纷扰,从而让我们得到丰饶的生命体验。

如果你希望有所成就,世界上最神奇的24堂课体系会告诉你怎样去做。利用这一体系,结果会令你大吃一惊,不敢置信。这也是本书编者的最大心愿。

第1课
倾听来自心灵的声音

许多时候我们夸大了那些强加在我们身上的折磨的力量,其实生命还可以承受更大的障碍。生命本身的力量足以把每一障碍扭转为对它活动的一种援助,以致把障碍变成对行为的推进。
——《世界上最神奇的24堂课》

摒除外界的干扰,释放生命的自由

我们都知道,火都有一种特性,当火势小的时候,它很快就会被压在它上面的东西熄灭。而火势旺盛的时候,它就会很快点燃它上面的东西,并且借助这些东西使自己越烧越旺。

所以,每个人的成败都主要取决于自身力量的强弱,而非加诸在身上的压力的大小。法国作家杜伽尔曾说过这样一句话:"不要妥协,要以勇敢的行动,克服生命中的各种障碍。"法国启蒙思想家伏尔泰说:"人生布满了荆棘,我们晓得的唯一办法是从那些荆棘上面迅速踏过。"人生是不平坦的,这同时也说明生命需要磨炼,面对人生中各种各样的干扰,你要保持一种满足而宁静的态度,利用这种障碍,达到锤炼自己的目的。因为唯有障碍才能使你不断地成长。"燧石受到的敲打越厉害,发出的光就越灿烂。"正是这种敲打才使燧石发出光来。

《沉思录》的作者马可·奥勒留曾说,即使是生命中那些痛苦的事情,也能够为你的灵魂增添耀眼的色彩。所以,请热爱那些仅仅发生于你的事情,那些仅仅为你纺的命运之线。因为,有什么比这更适合于你呢?

哪怕是不好的事情,我们也可以用微笑的灵魂发掘其中蕴涵的机遇;哪怕当我们在正确的原则指引下走正直道路的时候,有人阻挡我们,我们也可以像火焰一样,满足而宁静地摒弃那一切干扰,并利用它们来训练自己。

持续不断地给自己积极的暗示

有一位全美国顶尖的保险业务经理,要求所有的业务员每天早上出门工作之前,先在镜子前面用5分钟的时间看着自己,并且对自己说:"你是最棒的寿险业务员,今天你就要证明这一点,明天也是如此,一直都是如此。"

经由这位业务经理的安排,每一位业务员的丈夫或妻子,在他们出门工作之前,都以这一段话向他们告别:"你是最棒的业务员,今天你就要证明这一点。"

结果,这些业务员的业绩都在保险业居领先地位,他们必须努力工作,尽管卖保险不是一件容易的事情,因为从来没有人会自愿购买保险。

这位经理运用的就是自我暗示的原理。风能使一艘船驶向东,也能使它驶向西,自我暗示原则亦可将你推向高峰或使你坠入低谷。因此,我们需要做的就是不断地给自己积极的自我暗示——暗示自己一定会成功,会获得发展、进步。

如果你"认为"自己会败,你已败了。

如果你"认为"自己不敢,你是不敢。

如果你想赢却"认为"赢不了,几乎可以断定你与胜利无缘。

如果你"认为"自己会输,你已输了。

成功始于人之"意志"——一切决于"心念"之间。

如果你不断地向自己灌输某些事情,最后,你的潜意识就会接纳它并信以为真。一旦你的潜意识相信并且接纳了某件事,它就会努力地把这个想法转化成事实。如果你能有意识地计划安排,让你的心充满积极的念头,就可以从中获益,肯定地告诉自己的潜意识"我有能力完成想做的任何事情";每天多次重复这些自我激励的语句,直到它成为自动的反应。当你怀疑自己时,这些语句就能自动浮现。

从人体的构造来说,人类大脑中有一个潜意识部分,蕴藏着无穷的力量,每一个人都可以发掘出这种力量,运用在任何一个目标上。方法非常简单,只要用简短的话命令大脑,潜意识就像一个无形的巨人,随时可以接受你的指挥,为你做任何事情。

每一位成功者都有一套调整思想的方法。他们密集地将自己选择的目标输入潜意识,使它没有机会接触任何负面的思想。技巧并不重要,只要明确地描述自己想要什么,并将这项信息反复地传达给潜意识即可。

自古以来,不知有多少思想家、传教士和教育者都已经一再强调信心与意志的重要性。但他们都没有明确指出:信心与意志是一种心理状态,是一种可以用自我暗示诱导和修炼出来的心理状态。这个结论是以心理暗示决定行为这个事实为依据的。

如果你能运用你的潜在意识、暗示的力量及丰富的想象力,建立一个成功、快乐、美好的自我形象,那么这正是成功的开始。实际上每个人都比你自己想象中的更好、更有能力,比你想象中的更为聪明。如果你能在某件事情上证明了这一点,你就得到了鼓励,从而更加奋发向上。人的潜能就是这样逐渐发挥出来的。所以每个人都不要小看自己,你会比你现在更成功,只要你有那个愿望,就能激发自己的潜能,建立美好的自我形象。

第2课
每个人的心中都有一个沉睡的巨人

　　世界上没有什么神仙皇帝,救世主就是我们自己。有的人遇到困难挫折,积极寻找解决的办法,努力进行自救;有的人却把生还的希望寄托在别人的救助上,错失了自救的良机。对待困难挫折的态度不同,最后的结局必然迥异。

——《世界上最神奇的24堂课》

上帝很忙,能拯救你的只有你自己

　　在生活中,一帆风顺、事事遂心的事情很少,谁都有可能遇到各种各样的困难和挫折。人生遇到困难、挫折并不可怕,可怕的是我们面临困难挫折时一味地退缩。记得有一句话说得很好:世界上没有什么神仙皇帝,救世主就是我们自己。有的人遇到困难挫折,积极寻找解决的办法,努力进行自救;有的人却把生还的希望寄托在别人的救助上,错失了自救的良机。对待困难挫折的态度不同,最后的结局必然迥异。

路要自己走,生活要靠自己创造。"倚立而思远,不如行之必至",在人生的道路上,每个人都要做自己的救世主,须知"自救方能救人"。

伐木工人巴尼·罗伯格在伐一棵大树时,大树突然倒下,他来不及躲避,被大树粗壮的枝干压在树底下。当他苏醒过来时,他发现自己的左腿被枝干死死压住,不管自己怎么使劲也抽不出来。

天快黑了,周围一个工友也没有。巴尼想,如果就躺在地上等待有人来救援,恐怕自己在被人发现之前就会因失血过多而死去。现在唯一的办法是自救,即把压在腿上的树干砍成两截,才有可能抽出左腿。

于是,巴尼拿起身边的斧子,一下一下地砍起树干来。可没砍几下,斧柄突然断了。巴尼在绝望之余,想到了只有砍断自己的左腿才是唯一的求生之路。

卷三《世界上最神奇的24堂课》

没有犹豫,忍着剧痛,巴尼砍断了自己的左腿,又以惊人的毅力爬到了山下的工棚里,并拨通了通往医院的电话。

巴尼用失去一条腿的"残酷"方式,换来了生命。而他之所以能活下来,就是因为他进行了积极的自救。

巴尼的自救行为让我们认识到:命运就在自己手中。一味依靠、信赖别人的人,只会等来失败。积极地创造条件改变自己的命运,就能打败磨难,走出困境。

自己的命运掌握在自己的手中,要想拥有一个高质量的人生,就给自己一定的信心;要想平平庸庸过一辈子,别人也没办法。只有相信自己的力量,才能谱写出自己想要的人生舞曲。

你正如你自己所想

每一个人,无论是聪明或愚蠢,贤良或奸诈,他的表现,都是与其当时的"自我观"相符的行为。一个人具备了正确的"自我观"时,他至少成功了一半。

人们的行为方式和理想追求往往会受自我认知的影响,而上述的"自我观"则意味着对自我的认知,对自我的需求。没有人会做出违背"自我观"的行为,无论你是在学校、在公司或是在一些社交的场合,都不可能长期表现出一种"不像自己"的状态。根据秘密的法则,宇宙就像一面镜子,折射出你的内心所想,换言之,你认为自己是什么样的,你就是什么样的。

如果某一个人对于自己各方面的印象,都和实际情况颇为接近,也就是说,他有着比较正确的"自我观",那么他所表现的行为,自然会很恰当。相反如果一个人没有正确的"自我观",就不能很清楚地表现自己独特的一面,而只是成为人群中的一分子,这个人的个人形象明显存在缺憾。缺乏"自我观"的人很难有引人注意的特质,当然更谈不上成功了。

马斯洛的层次需要理论中的最高阶段的需要即为自我实现的需要。当一个人对需求到达了自我实现的层次,就意味着他与成功仅仅是一步之遥了。电影《宋氏王朝》里,宋氏三姐妹曾说过一句共同的话:"我们将来一定要做一个不平凡的人。"抱有不平凡信念的人，才有动力为自我实现而行动，才有可能获得成功。

美国发明家爱迪生在介绍他的成功经验时说："什么是成功的秘诀，很简单，无论何时，不管怎样，我也绝不允许自己有一点点灰心丧气。"博格斯也正是如此，正是由于他内心对自己有个强大的认知——我同样可以打NBA——才使得他不惧艰难、无畏于别人的取笑并为之付出行动，所以最终成就了他自己在NBA赛场上的奇迹。

年轻时期的卡耐基就认为自己可以成为一名作家，虽然在幼年时期家境贫困，甚至连买一本字典的钱都付不起，但正是由于内心深处的强烈的感觉，使得整个宇宙感受到来自他的频率，将所有的可能给予了他。在以后的数十年间，卡耐基基于这种强大的信念，完成了一本又一本的有益于世人思考的杰作，功成名就，成为"他所想"的那样的人。

正如伟大的哲学家尼采所说："聪明的人只要能认识自己，便什么也不会失去。"只有正确认识自己，才能充满自信，才能使人生的航船不迷失方向，最终到达理想中的目的地。

想象自己已经是成功者,你就更靠近成功

当一个人按照秘密的法则,对全宇宙下了订单以后,接下来要做的就是——相信你所要的已经归属于你,并相信它此刻已经摆在你的面前,正等待着你对它的接收。

美国作家罗伯特·克里尔曾经说过:"要当做你已经拥有自己所想要的事物,知道它将会在你需要的时候到来。然后,接受它的到来。不要为它感到焦虑、担忧,不要去想你缺少它。想想它是你的、它属于你、它已经为你所有。"能用成功的姿态面对整个宇宙,那么整个宇宙就会感应到你的信号,引领你迈向成功之路。

之所以无法取得成功,很可能是因为你还没有将自己看作是一个成功者,没有调整好自己的心态、做好十足的准备来迎接成功的到来。

当你对宇宙发出需求,并且相信你已经拥有的所需的一切的时候,整个宇宙就会转变,把它们全部带来到你的身边。这就要求,你的所行、所言及所想,必须长期保持在一种正在接收它们的状态当中,并想象着它们就在你身边的有形画面,为即将

到来的事物做好一切准备。

"相信它已经是你的"是一种很好的感觉,当你利用这样的感觉对你想要的事物做出要求的话,吸引力法则就会强力驱动所有的情境、人和事件,等待你的接收。相反,如果在生活中缺乏"相信我已得到"这种信号的话,这种缺失就会阻断你与你接收你所想的事物之间的那个频率,因此就无法得到你想要的东西。

成功只属于那些肯于挖掘的人,只属于相信自己能够实现梦想并在心中早已构筑好理想画面的人。只要你抱着积极的心态去不断发掘心灵的宝藏,你就会有用不完的能量,你的思路也会不断扩展,从而引领自己走向成功。

第3课
不做命运的顺民

大海中有汹涌的波涛,有致命的暗礁,有狂风骤雨,有潜流暗涌,生命的航程对任何人来说都不可能是一帆风顺的。在未曾历尽苦难之时,如果我们一开始就有了航海之图,那么至少会减少征途的一半危险。

——《世界上最神奇的24堂课》

坐在舒适软垫上的人容易睡去

有个渔人有着一流的捕鱼技术,被人们尊称为"渔王"。然而"渔王"年老的时候非常苦恼,因为他的三个儿子的渔技都很平庸。

于是他经常向人诉说心中的苦恼:"我真不明

白,我捕鱼的技术这么好,儿子们的技术为什么这么差?我从他们懂事起就传授捕鱼技术给他们,从最基本的东西教起,告诉他们怎样织网最容易捕捉到鱼,怎样划船最不会惊动鱼,怎样下网最容易请鱼入瓮。他们长大了,我又教他们怎样识潮汐、辨鱼汛……凡是我长年辛辛苦苦总结出来的经验,我都毫无保留地传授给了他们,可他们的捕鱼技术竟然赶不上技术比我差的渔民的儿子!"

一位路人听了他的诉说后,问:"你一直手把手地教他们吗?"

"是的,为了让他们得到一流的捕鱼技术,我教得很仔细、很耐心。"

"他们一直跟随着你吗?"

"是的,为了让他们少走弯路,我一直让他们跟着我学。"

路人说:"这样说来,就难怪了。你要知道,坐在舒适软垫上的人容易睡去。你的儿子以为什么事情都可以从你那里学到,就很少自己去摸索经验。遇到困难,他们不是自己想办法去克服,而是希望在你的翅膀底下寻找庇护。自己不经过努力、不经历挫折,即使你传授给他们再多的经验,他们也不会真正成长起来。"

没错,不经历风雨,就见不到彩虹。孩子是在摔倒了无数次之后才学会走路的,伟人的发明创造更是经历了无数次失败之后才成功的。可口可乐董事长罗伯特·高兹耶达说:"过去是迈向未来的踏脚石,若不知道踏脚石在何处,必然会被绊倒。"教训和失败是人生历练不可缺少的财富,只有经历过,才能从中学到更多的东西,领悟到更多的道理。从别人口中传来的经验,从书本里总结的教训,都不能切实地应用于我们自己的生活中,只有自己经历了,并且投入思考,将问题解决了,才能在前行的道路中感受到自己的成长,才能逐渐地丰满自己的羽翼。

可是,很多人都希望躲在别人的翅膀之下,遭遇挫折时也希望有人能给他遮风挡雨,这样的思想是错误的。人生难免风雨,四季难免严冬。别人不可能始终陪在你的身边,所以生活中的任何问题都应该自己去面对。特别是苦难,只有凭借自己的力量战胜它,你才能从中总结经验教训。只有吸取了经验教训,才能避免在以后的人生中犯类似的错误。也只有积累了足够的经验,我们才能在日后熟能生巧,努力争取自己想要的命运。

你就是万人瞩目的强者

在这个世界上,从来就没有谁注定就是强者,也没有谁注定就是弱者。强大如老虎,在猎人的陷阱里,它就变成了弱者;弱小如老鼠,在结实的网绳前,拥有锋利牙齿的它就变成了强者。

你或许自以为是弱者,轻视自己的力量。从现在开始,你就应该转换自己的想法,找出自己的优点,之后给自己一点信心,这样你才能在自己的位置上发挥出最大的价值。

在这个世界上,每个人都不是一无是处的,即使你现在还找不到自己的优点,那也并不意味着你就没有优点。要相信,总会有一项绝技埋藏在你平淡无奇的生命中。

法国文豪大仲马在成名前,穷困潦倒。有一次,他跑到巴黎去拜访他父亲的一位朋友,请他帮忙找份工作。

他父亲的朋友问他:"你能做什么?"

"没有什么了不得的本事,老伯。"

"数学精通吗?"

"不行。"

"你懂得物理吗?或者历史?"

"什么都不知道,老伯。"

"会计呢?法律如何?"

大仲马满脸通红,第一次知道自己太差劲了,便说:"我真惭愧,现在我一定要努力补救我的这些不行。我相信不久之后,我一定会给老伯一个满意的答复。"

他父亲的朋友对他说:"可是,你要生活啊!将你的住处留在这张纸上吧。"大仲马无可奈何地写下了他的住址。他父亲的朋友叫着说:"你终究有一样长处,你的名字写得很好呀!"

你看,大仲马在成名前,也曾有过自认为一无是处的时候。然而,他父亲的朋友却发现了他的一个看似并不是什么优点的优点——把名字写得很好。

把名字写得好,也许你对此不屑一顾:这算什么绝技!然而,不管这个绝技有多么微不足道,它毕竟是你的本事。你就能以此为基地,扩大你的优点范围:名字能写好,字也就能写好;字能写好,文章为什么就不能写好?

我们每一个人,特别是自我菲薄的人,切不可把强者的标准定得太高,而对自身的长处视而不见。你不要死盯着自己学习不好、没钱、没貌等不足的一面,你还应看到自己身体健康、会唱歌、文章写得好等不被外人和自己留意或发现的强项。

而事实上,你不是个天生的弱者,所以没必要总是低头走路。只要你注意到了自己的闪光点,并努力将它发扬光大,你也会是万众瞩目的强者。

第4课
强大的力量源自内心的和谐

影响力发挥作用是一个很微妙的过程,它通过潜意识改变他人的行为、态度和信念。没有人能够抗拒它,因为它来得悄无声息,等你察觉时,早已经被它俘虏。每个人都渴望拥有影响力,因为影响力是一种独特的魅力,时时刻刻影响着周围的人,并且给予对方一种神奇的力量。

——《世界上最神奇的24堂课》

影响力的本质——比别人更自信

通常会有这样的情况:一个人可以毫不费力、轻而易举地得到某个职位,而另一个,虽然可能更优秀、更有才能,但费了九牛二虎之力依旧是徒劳无功。这是为什么呢？显然，有影响力的人格是其成功的关键。

影响力发挥作用是一个很微妙的过程，它以一种潜意识改变他人的行为、态度和信念。没有人能够抗拒它，因为它来得悄无声息，等你察觉时，早已经被它俘虏。每个人都渴望拥有影响力，因为影响力是一种独特的魅力，时时刻刻影响着周围的人，并且给予对方一种神奇的力量。

那么怎样才能拥有宝贵的影响力呢？究其本质，就是比别人更自信。自信能够使弱者变强，强者更健。只有自信的青少年才有可能在成功之道上健步如飞，而缺乏自信的人一定步履蹒跚。

曾有一位皇帝问一位哲学家："谁是最快乐、最幸福的人呢？"哲学家的回答出乎皇帝的意外，他说："谁能这么想、能这么做到，他就是最快乐与最幸福的。"自信是个人魅力的成功之源！只要我们有自信，便能增强才能，使精力加倍。

一个青少年的自信力能够控制他自己的生命的血液，并能将他的"信念"坚强地运行下去。这样的人是有影响力的人，能够担负起艰巨的责任，这样的人才是最可靠的。

自卑自贱的观念,往往是不思进取、自甘平庸的主要原因。

世上有很多像这个法国士兵一样的青少年,他们以为自己的地位太低,别人所有的种种幸福是不属于他们的,他们是不配享有的;以为他们是不能与那些伟大人物相提并论的;以为世界上最好的东西不是他们这一辈子所应享有的;以为生活上的一切快乐都是留给一些命运的宠儿来享受的,他们当然就不会有出人头地的观念了。

许多青少年本来可以做大事、立大业,而实际上却做着小事,过着平庸的生活,原因就在于他们没有足够的信心。

树立自信心,努力奋斗,不仅会使人在事业上不断进取,达到预期目标,而且能使人在性格上重塑自我,增添我们的影响力。

所以一个有影响力的人理应显示自己的伟大,展现自己的雄姿。当我们充分相信自己的力量,有足够的勇气面对生活时,就能展现自己的个人魅力。

用你的笑容征服世界

有一样东西,它在家中产生,它不能买,不能求,不能借,不能偷,因为在人们得到它之前,它是对谁都无用的东西。它在给予人之后,会使你得到别人的好感。它是疲倦者的休息,失望者的阳光,悲哀者的力量,又是大自然免费赋予人们的一剂解除苦难的良药。

没错,它就是微笑。如果你觉得自己并没有什么长处,那就从现在开始微笑吧,因为微笑就是阳光,它能消除人们的忧愁。

斯坦哈德在纽约证券交易所上班,他给我的感觉是那种很严肃的人,在他脸上难得见到一丝笑容。他结婚已有18年了,这么多年来,从他起床到离开家这段时间,他难得对自己的太太露出一丝微笑,也很少说上几句话。

有一天,他得到一位成功学大师的指点,这使他下定决心要改变这种状况。早晨他梳头的时候,从镜子里,看到自己那张绷得紧紧的脸孔,他就对自己说:斯坦哈德,你今天必须要把你那张凝结得像石膏像的脸松开来,你要展出一副笑容来,就从现在开始。

于是,坐下吃早餐的时候,他脸上有了一副轻松的笑意,他向太太打招呼:"亲爱的,早!"他的太太的反应是惊人的,她完全愣住了。可以想象到,那是出于她意想不到的高兴,斯坦哈德告诉她以后都会这样。从那以后,他的家庭生活完全变样了。

现在斯坦哈德去办公室时,会对电梯员微笑地说:"你早!"去柜台换钱时,面对里面的伙计他脸上也带着笑容;甚至在他去股票交易所时,对那些素昧平生的人,他的脸上也带着缕笑容。

不久,他就发觉人人都反过来对自己微笑了。微笑带给了斯坦哈德很多快乐。

斯坦哈德也改掉了原来对人直接批评的习惯,他把斥责人家的话换成赞赏和鼓励。他再也不讲我需要什么,而是尽量去接受别人的观点。这些做法真实地改变了他原有的生活,现在斯坦哈德是一个跟过去完全不同的人了,一个更快乐、更充实的人。

看到这里,你是不是觉得自己也应该开始微笑了呢?但是对于那些爱抱怨的人来说,他们宁肯拉长着脸,也不肯对别人露出笑容。但是,当你用不满的目光面对这个世界时,怎么能期待世界给你一个温暖的拥抱呢?

所以,你要尝试去做一件事:让自己微笑起来。如果你独在一处,可以让自己吹吹笛子,或哼哼调子,唱唱歌。做出快乐的样子,那就能使你快乐。

第5课
处处有心皆教育

宽大、亲切、勇敢、忍耐、真实、快活、清洁、勤奋……这些美德是学习成绩、家庭背景、交际关系所无法替代的,是孩子今后成就一切大事的根本素质。家长不妨仿照斯特娜夫人的方法,为自己的孩子量身定做一个"品行表"。

——《世界上最神奇的24堂课》

大自然是最好的老师

世界上再没有比大自然更好的老师了,它能教给你无穷无尽的知识。可是非常遗憾,社会上大多数孩子未能好好利用它。斯特娜认为,以大自然为主题,可以向孩子讲述的有趣故事是无穷无尽的。

同时,让孩子接触大自然,不仅可使他们的身体健壮,而且精神也会旺盛起来。

从小生活在农村的人都会有一种感觉,那就是从小就能亲密接触大自然,很小就能叫得出许多植物和动物的名称,知道它们的特性和用途。因为长期接触、观察大自然中的动物和植物,写的作文形象、生动。可生活在城市高楼中的孩子则不同,他们每天的生活几乎被学习填满了,好不容易有个假期,也要被各种各样的兴趣班代替,他们接触自然的时间少,对动物、植物缺乏了解和观察,如果老师布置这类作文,往往无话可说,即使写出几句,也很干瘪,缺乏准确性和生动性。

不只是写作文,亲近大自然,本来就是人的本性。大自然中的花草树木、虫鱼鸟兽、山川河流、风霜雪雨都能引起孩子的好奇,城市的孩子因远离大自然,很少呼吸新鲜空气,越来越远离蓝天、阳光、花草、动物等大自然因素,现在城市里的孩子在钢筋混凝土构筑的高楼以及防盗门里,在家长过分呵护和溺爱下,在电视、音响、电子游戏、电脑所制造出来的"狭小空间"中,逐渐丧失了亲近大自然的本性。这犹如在动物园中长大的野生动物一样,失去了自然生态条件,就势必会失去许多野性和本能,而且性格也变得乖张。

斯特娜夫人是著名的教育学家,她开创的"自然教育法"是少儿早期教育的典范。斯特娜夫人用这套教育方法将自己的女儿维尼夫雷特培养成"3岁开始写诗,4岁用世界语写剧本,5岁前用8国语言表达思想,同时在音乐、美术、文史、数学方面才能超群,身心健康发展,富有爱心"的"神童"。

斯特娜夫人从不用强迫的方式教育孩子,所有教育都是以游戏或是故事的形式进行的。为此,斯特娜夫人在当时就建议,应当从改造不良少年的经费中拿出一部分钱,把城市的孩子经常带到郊外去接触大自然,这样就可以在一定程度上预防不良少年的产生。这个建议对于当今大都市孩子的教育也是有借鉴意义的。

维尼夫雷特能取得后来的成绩是和母亲的这种教育分不开的。大自然是最好的老师,家长应该认真向斯特娜夫人学习,相信这样教育孩子的效果会事半功倍。

生活处处是课堂

陶行知说过:"生活与教育是一个东西,而不是两个东西。"课堂、生活是密切相连的,不可分割的。

儿童的发展不可能脱离具体的生活,也不可能脱离生活的经验。家长应引导孩子把生活与知识关联起来,建立意义的联系,使孩子在生活中不知不觉地学到课堂上看来枯燥的知识。同时,帮助孩子在生活中发现学习的乐趣和意义。

在多数学生家长,甚至老师的眼中,课堂知识的学习、巩固重于生活中的体验、感悟,逐渐造成了学生"懂"与"会"的分离、"会"与"行"的误区。这无疑是种错误的见解。

为了让孩子认识到学习的意义,学习应该回归生活,解决实践生活中的问题。

家长应该探究从生活中得来的问题,用生活来理解知识,努力使孩子体味到知识与世界万物之间的密切联系。

"两耳不闻窗外事,一心只读圣贤书。"这是旧时代书斋学子的典型写照,然而如果今天的学习继续这样下去,孩子只能对学习越来越反感。

我们应该让孩子的学习材料"生活化"、学习过程"生活化"、学习成果"生活化"。

斯特娜夫人在培养女儿的过程中感到,在所有的学科中,再也没有比数学更难于使孩子感兴趣的了。尽管她曾通过游戏法很容易地教会了女儿数数,并用做买卖的游戏很容易地教会了她钱的数法,然而,当她在教女儿乘法口诀时,却遇到了麻烦:女儿有生以来第一次厌弃学习。由此可见,就是已到5岁左右的孩子,也是不喜欢死记硬背的。尽管斯特娜夫人把口诀编成了歌词供女儿唱,女儿还是不喜欢。

斯特娜夫人很担心,有一次,她向芝加哥的斯他雷特女子学校的数学教授——洪布鲁克女士请教,洪布鲁克女士一语道破了问题之所在:"尽管你女儿缺乏对数学的兴趣,但绝不是片面发展,是你的教法不对头。因为你不能有趣味地教数学,所以她也就无兴趣去学它了。你自己喜好语言学、音乐、文学和历史,所以能有趣地教这些知识,女儿也能学得好。可是数学,由于你自己不喜欢它,因而就不能很有兴趣地教,女儿也就厌恶它。"接着,这位杰出的女士十分热情地教给斯特娜夫人一套教数学的方法。斯特娜夫人用这些方法教女儿数学后,效果果然很好。

第6课
很多"不幸"只是我们的错觉

我们的人生有无限多个解,人生是不能被理性穷尽的一个无理数。每个人因为站在不同角度去看它、体验它,所以从中得出有关人生的定义,也各有殊异。但有一点是共同的——人生即是选择。

——《世界上最神奇的24堂课》

每一秒我们都有选择的权力

"我别无选择。"一个家庭贫寒、成绩也不理想的青年人辍学开始打工,当别人问道他为什么年纪轻轻就满腹愁容的时候,他这样回答。

"不,这是一个巨大的误解。每一秒我们都有选择的权力!"

在历史上,有很多人都是辍学之后自学成才的。比如美国伟大的政治家、科学家、思想家富兰克林,他早年在印刷厂当学徒;华人企业家李嘉诚全家搬到香港的时候,父病家贫,他也是利用在别人做学徒的空余时间学习而慢慢成才的。由于外在条件而给自己下结论"别无选择"的人,是软弱的人。

有位作家曾写过,若能掬起一捧月光,我选择最柔和的;若能采来香山红叶,我选择最艳丽的;若能摘下满天星辰,我选择最明亮的,人只要在追求,他就在选择。

我们的人生有无限多个解,人生是不能被理性穷尽的一个无理数。每个人因为站在不同角度去看它、体验它,所以从中得出有关人生的定义,也各有殊异。但有一点是共同的——人生即是选择。

一位作者曾写过这样一篇文章:记得小时候,农村水果十分稀缺,经常和生产队里年龄相仿的小朋友,三个一群五个一组地爬树摘野山栗、紫桑葚之类,以解口头之馋。而每次爬树的时候,都会出现相似的情况:开始大家都从一棵大树底下往上爬,可越往上爬,树的分权越多,各人为了多采点果实,便选择了不同树枝。结果起点完全相同的小朋友们,各自爬到了不同的方向和高度上,有的站在又高又稳的主干枝头上,有的蹲伏在摇摆不定的侧枝上,还有的保留在树杈间……下来的时候,有的满载而归,有的有所收获,还有的空手而回。

现在想来,小时候的爬树,与人生的历程又是何其相似?生活中我们经常不知不觉地走到"十字",甚至"米"字路口上,让你去选择,而正是这一次次的选择决定了我们今天的社会位置和人生状况。

人生似一条曲线,起点和终点是无可选择的,而起点和终点之间却充满无数个选择的机会。

在人生的旅途上,每个人都应该做出这样的抉择:你是任凭别人摆布还是坚定自强,是总要别人推着你走,还是驾驭自己的命运,控制自己的情感。不少人的生活就像秋风卷起的落叶,漫无目标地漂荡,最后停在某处,干枯、腐烂。

为了促进个人的成长,达到个人的幸福,你必须学会驾驭生活。你必须自己选择服装,自己选择朋友,自己选择工作。有的选择严峻地出现在何去何从、前途未卜的十字路口上,这是人生决定性的时刻。决定性的选择需要果断和勇气。这果断和勇气,有猜测和赌博的成分,但更多的是来自知识和智慧的判断。

人人都会面临各种各样的危机,如信仰危机、事业危机、感情危机等。在危急当中,正确的选择和变动,会使我们积累起一种新的力量,重新面对世界。在每位青少年的身上,都有一种十分强大的力量潜藏于体内,如果你无法发现它,它就永远处于冬眠状态,使你在人生的路途中无法体现自身的创造力,更无法实现你的人生追求与梦想。虽然选择的权力在你的手中,但许许多多的人并没有使用这个权力。也许这就是成千上万的人,活得碌碌无为的最直接的原因。

无人能预测人的潜能有多大

常听人说:"命运都由天注定,我再努力也没有用。"真是这样的吗?

美国知名学者奥图博士说:"人脑好像是一个沉睡的巨人,我们只用了不到1%的脑力。"一个正常的大脑记忆容量有大约6亿本书的知识总量,相当于一部大型电脑储存量的120万倍。如果人类发挥其一小半潜能,就可以轻易学会40种语言,记忆整套百科全书,获得12个博士学位。

根据研究,即使是世界上记忆力最好的人,其大脑的使用也没有达到其功能的1%。人类的知识与智慧,迄今仍是"低度开发"!人的大脑真是个无尽的宝藏,只要我们肯花心思去挖掘,努力运用潜意识的力量,成功会比想象得更快、更轻松。运用潜意识来开发无限的潜能,就仿佛用一把万能金钥匙打开未来之门,它将带给你无限的挑战和惊喜。思想、精神等潜意识就是人类取之不尽、用之不竭的巨大宝藏,是伟大的造物者赋予青少年的珍贵无比的财富。

著名心理学家弗洛伊德将人的意识分为意识和潜意识。意识指人在清醒状态时对自己的思维、情感和行为所能察觉的内容;潜意识是指潜隐在意识层面之下的感情、欲望等复杂体验,因为受到意识的控制和压抑,只是个体不能觉察的意识。

潜意识会依照我们心中所想的画面,构成真实事物。潜意识无法分辨事情是真还是假,一旦被接受,它终究要变成事实。只要有明确画面进入潜意识,潜意识立即想尽办法把这个画面转为事实。只要我们给予潜意识一个画面,它就会努力将它实质化。

如果你的潜意识里充满悲观和绝望,它就会影响到你自身的行动,带给你消极失败的结果。如果能够积极地运用潜意识,则会达到意想不到的效果,甚至创造出奇迹来。

但现在我们对于潜意识的开发也仅仅是冰山一角,就算是像爱因斯坦、达·芬奇、爱迪生这样卓越的天才人物,一生中也不过运用了他们潜意识力量的不到2%。潜意识大师墨菲博士说过:"我们要不断地用充满希望与期待的话,来与潜意识交谈,于是潜意识就会让你的生活状况变得更明朗,让你的希望和期待实现。"

生命是有限的,而潜能是无限的,只要我们不断地认同自己、肯定自己,并有意识地开发自己的潜能,我们就一定能做得更好!所以,不论聪明才智的高低、成功背景的好坏,也不论理想多么的高不可攀,只要懂得善用这股潜在的能力,任何人都一定可以将自己的愿望在现实的生活中实现。

潜意识如同一部万能的机器,任何愿望都可以实现,但需要有人来驾驭它,而这个人就是你自己,只要你有心控制,只让好的印象或暗示进入潜意识就可以了。只要我们不被负面的事务所支配,而选择有积极性、正面性、建设性的事情,我们就可以左右自己的命运。

第7课
心灵在修行

每一件事物都有其开始、延续和死亡,这些都是被包括在自然界要实现的目标之内的。人生就好比这样一个过程:一只球被人掷起,而后又开始下坠,最后落在地上;或者像一个水泡,它逐渐凝结起来,突然被伸到水面的树枝触碰了一下,转瞬间便完全破碎。生命也是这样一个从出生、成长到衰老、死亡的过程。所有人都会走向同一个归宿,那就是死亡。
——《世界上最神奇的24堂课》

像等待生一样静候死

每一件事物都有其开始、延续和死亡,这些都是被包括在自然界要实现的目标之内的。人生就好比这样一个过程：一只球被人掷起，而后又开始下坠，最后落在地上；或者像一个水泡，它逐渐凝结起来，突然被伸到水面的树枝触碰了一下，转瞬间便完全破碎。生命也是这样一个从出生、成长到衰老、死亡的过程。所有人都会走向同一个归宿，那就是死亡。

面对死亡，我们要把它作为自然的一个活动静候它。就像你能够安静地等待一个孩子从母亲的子宫里娩出一样，也请你从现在开始就准备着你的灵魂从皮囊中脱离的那个时刻的来临。这一切，都只不过是自然的正常的活动，你不需要恐慌，只要静静等候就可以了。

死亡把你和正在和你一起生活的人分开，把你可怜的灵魂同身体分开，要知道，你与他们的联系和结合本来就是自然给予的，现在只不过是自然要把这种结合拆开。

自然将灵魂与身体分开，便是把死亡赋予了你。死亡只不过是让你脱离目前这种生活转而进入另一种生活。那么我们又何必要执著于尘世，希望自己在这里逗留更长的时间呢？

从生走向死，这是合乎自然的一件事，所以，在世时我们要顺应自然行事，死时跟随造物变化。不欣喜生命的诞生,也不抗拒生命的死亡;明白生死只是忽然而来,忽然而去。不忘记自己的来处,也不探求死后的归宿;命运来了,欣然接受,事情过后,又恢复平常,在即将离去时对别人的态度仍然和善,把自己的品格,友好、仁爱和温柔的一面保持到最后一分钟。

人生并非由上帝定局,你也能改写

尽管吉卜赛女人跟圣地亚哥说,他将在埃及找到自己的宝藏,可是圣地亚哥并不相信她,认为那不过是她骗钱的一种手段而已。可是,当他坐在公园的椅子上,拿出新换来的小说准备读一读的时候,一位老人在他的旁边坐了下来,并且跟他搭讪。

"附近的那些人都在做什么?"老人指了指公园对面广场上的人们,问道。

"不清楚。"圣地亚哥冷漠地回答。此刻,他只想一个人待着,读一读小说,品尝一下他刚刚从商店里卖回来的葡萄酒。可是老人似乎并没有因为他的冷漠就停止跟他的对话。他对圣地亚哥说,他感觉很渴,因为天气太热了,而且他说过很多话。圣地亚哥把酒囊直接递给他,心想,也许这样做,老人就会停止说话了。

可是,老人依然在他的身边打转,并且从他的手里夺走了书。"你看的是什么书?"圣地亚哥指了指书的封面,却没有说话。他这样做有两个理由:一是他不会念那个书名;一是如果老人也不会念,就会尴尬地走掉。

"嗯……"老人翻过来书的封面,"这是一本不怎么样的书,读起来会很乏味。"他这样说。

圣地亚哥很诧异,他没想到老人也认识字,甚至还看过这本书。如果这本书真像老人说的那样乏味,现在去书店再换一本其他有趣的书,也还来得及。

老人继续说:"这本书跟其他的书几乎没什么差别,它想让你相信这世上最大的谎言,那就是人们的命运都是上帝决定的,而自己是没有办法改变的。"

"为什么这么说?"圣地亚哥很好奇。

"书里说,在人生的任何时候,人们都没有办法掌控自己的命运,只能听任命运的安排,人们在命运面前是苍白而且无力的。这是不正确的。虽然人们出生的时候已经拥有了自己的角色,你可能是穷人的孩子,也可能是富家的少爷,可是这个身份不代表可以跟着你一辈子。很多优秀的人,尽管出生在穷人家里,可是他们能够改变自己的命运,成为最大的富翁。也有很多生下来很富有的人,他们不珍惜拥有的东西,不停地挥霍,到最后,可能连穷人都不如,而沦为了乞丐。"

"可是这些事情并没有发生在我身上,我只是一个牧羊人。"圣地亚哥说。

老人看着他,语重心长地说:"我说的就是你啊,孩子。你现在是牧羊人,可是如果你去了埃及,寻找到了宝藏,那么你的命运就会发生翻天覆地的变化。你的人生也是由你自己决定的,不是开始决定了的角色,你就要担当到底的。你要记住,开始的时候,你也不是一个牧羊人,所以最后,你仍然不会是个牧羊人。"

圣地亚哥看着这个老人,他想到了自己的那个关于宝藏的梦,心想,他怎么知道我的梦境?难道这就是我的天命?改变自己的命运,找到那些宝藏,才是我真正的使命?

带着这样的困惑,圣地亚哥陷入了沉思。同样陷入困惑的,又岂止他一人?我们都在猜测自己的人生,想知道自己到底能做成什么事情,从中获得多少意外的收获,可是生活就是这么变化莫测,它早就给我们固定了人生的角色,却不告诉我们未来的方向,让我们摸不到头绪。可是,有一点可以肯定,那就是不管你现在在充当生活中的什么角色,你都没有被固定。只要你自己努力、用心,你就可以改变自己的命运,重新建立自己的角色。

卷三《世界上最神奇的24堂课》

第 8 课
直面青春的情绪,情绪就会消解

在这个世界上,你并不是孤零零的一个人,有许多人能够为你提供帮助和支持。如果你懂得运用学识、经验、能力及影响力来消除自己内心的恐惧,成功会来得更快且更有保证。

——《世界上最神奇的24堂课》

战胜自己是一个不断超越的过程

每个人心中都沉睡着一个巨人,当你唤醒了他,他就能助你完成自己的人生理想,成为了不起的人物。很遗憾,大部分人还没有唤醒心中的巨人就已经离开了人世,这是一个巨大的悲哀。

那什么样的人生才算是唤醒了自己心中的巨

人呢？一定要实现历史巨人那样的丰功伟业才算是不枉此生吗？也不尽然。其实，将自己内心的巨人唤醒，可能是一次巨大的意外事故的刺激作用，也可能是长期一点一滴地改变。今天比昨天好，现在比过去好，这就是超越。

中国有句古话叫做"胜人者有力，自胜者强"，是说一个人只有战胜自己、超越自己，才能成为一个真正的强者。一个人若超越不了自己，不但不利于自己的发展，也很难在社会上立足，更不用说成为无可替代的人了。

好高骛远是青年人的一个通病，很多人都想着自己要成为地球超人，但少有人像巴伐洛夫那样，踏踏实实地去超越过去的自己。过去每天迟到，现在能够按时上学了，就是一个超越；过去不敢在课堂上发言，现在能在众人面前侃侃而谈了，也是一种超越。当你从按时上课、勇于发言，慢慢变得有思想、有见地，然后再能结交著名的人物、和优秀的人做朋友……你成为一个政治明星、领袖的梦想也就这样一步一步实现了。

只要每一天都有超越自己的地方，或者是让自己的优点更加稳固，这样的成长都是值得期待的、

卷三《世界上最神奇的24堂课》

充满希望的。但今天和昨天一个样,甚至不如昨天,这样的生活就会令人厌倦、感到无望之极。

超越自己是为了更好地完善自己。成长,因为自己的存在于别人有益而变得重要。对于前进路上的人来说,永远没有终点,明天永远会比今天更加值得期待。

控制情绪笑遍世界

常言道,"小不忍则乱大谋"。这个"忍"就是忍耐、克制的意思。做人必须首先自制,也就是懂得管理自己。一个人的言行受着多方面的制约,如果自己管理不好自己,就必然会受制于人,失去自主的权利。

1.控制情绪是一种能力

情绪是人对事物的一种最浮浅、最直观、最不用脑筋的情感反应。它往往只从维护情感主体的自尊和利益出发,不对事物做复杂、深远和富于智谋的考虑,这样的结果,常使自己处在很不利的位置上或为他人所利用。本来,情感离智谋就已距离很远了(人常常以情害事,为情役使,情令智昏),情绪更是情感的最表面部分、最浮躁部分,以情绪做事,焉有理智?不理智,能有胜算吗?

但是我们在工作、学习、待人接物中,却常常依从情绪的摆布,头脑一发热(情绪上来了),什么蠢事都愿意做,什么蠢事都做得出来。比如,因一句无关利害的话,我们便可能与人打斗,甚至拼命(诗人莱蒙托夫、诗人普希金与人决斗死亡,便是此类情绪所为);又如,我们因别人给我们的一点假仁假义,而心肠顿软,大犯根本性的错误(西楚霸王项羽在鸿门宴上耳软、心软,以致放走死敌刘邦,最终痛失天下,便是这种柔弱心肠的情绪所为);还有很多因情绪的浮躁、简单、不理智等而犯的过错,大则失国失天下,小则误人误己误事。事后冷静下来,自己也会感到其实可以不必那样。这都是因为情绪的躁动和亢奋,蒙蔽了人的心智所为。

2.戒掉烦恼的习惯

《圣经》有言:"不要为明天忧虑,明天自有明天的忧虑,一生的难处一天就够了。"在犹太人中间流传这样一句名言:"会伤人的东西有3个,苦恼、争吵、空的钱包。其中苦恼摆在三者之前。"

心理学家们认为,在我们的烦恼中,有40%都是杞人忧天,那些事根本不会发生。另外30%则是既成的事实,烦恼也没有用。另有20%,我们担心的事事实上并不存在。此外,还有10%,我们担心的是日常生活中的一些鸡毛蒜皮的小事。也就是说,我们有92%的烦恼都是自寻烦恼。

现实生活中,有很多自寻烦恼和忧虑的人,对他们来说,忧烦似乎成了一种习惯。有的人对名利过于苛求,得不到便烦躁不安;有的人性情多疑,老是无端地觉得别人在背后说他的坏话;有的人嫉妒心重,看到别人超过自己,心里就难过;有的人把别人的问题揽到自己身上自怨自艾,这无异于引火烧身。

所以,要在忧烦毁了你以前,先改掉忧烦的习惯。

不要去烦恼那些你无法改变的事情。你的精神气力可以用在更积极、更有建设性的事情上面。如果你不喜欢自己目前的生活,别坐在那儿烦恼,起来做点事吧,设法去改善它。多做点事,少烦恼一点,因为烦恼就像摇椅一样,无论怎么摇,最后还是留在原地。

3.保持乐观精神

人生是一种选择,人生是选择的结果,不一样的选择会有不一样的结果。

你选择心情愉快,你得到的也是愉快。你选择心情不愉快,你得到的也是不愉快。我们都愿意快乐,不愿意不快乐。既然这样,我们为什么不选择愉快的心情呢?毕竟,我们无法控制每一件事情,但我们可以选择我们的心情。

每个人的观念及价值观不同,所以看待同一件事情所得到的反应也不同。你觉得是件快乐的事情,在别人看来却有点伤感。每个人都有每个人不同的快乐标准,每个人也都有每个人不一样的忧愁。

吃葡萄时,悲观者从大粒的开始吃,心里充满了失望,因为他所吃的每一粒都比上一粒小。而乐观者则从小粒的开始吃,心里充满了快乐,因为他所吃的每一粒都比上一粒大。悲观者决定学着乐观者的吃法吃葡萄,但还是快乐不起来,因为在他看来他吃到的都是最小的一粒。乐观者也想换种吃法,他从大粒的开始吃,依旧感觉良好,在他看来他吃到的都是最大的。

悲观者的眼光与乐观者的眼光截然不同,悲观者看到的都令他失望,而乐观者看到的都令他快乐。如果你是那个悲观者的话你不需要换种吃法,你只需要换一种看待事情的眼光。

第9课
不抱怨的世界,遇见更好的自己

生活中,我们在遇到困难的时候,首先不要做的就是怨天尤人,而是努力地去寻找突破困难的方法,这件事情为什么这么糟,问题出在哪里,应该怎么办,怎么去突破可能出现的问题,虚心地向别人请教,而不是一味地怨天尤人,心情不好怪天气之类的问题,出了问题从自身上不断地找原因,分析原因,寻求解决的办法,这样才能真正地不断向成功迈进,如果这样做的话,成功也会不断地光顾你的。

——《世界上最神奇的24堂课》

生活本来就不公平

在我们生活的世界里,许许多多的人都认为公平合理是生活中应有的现象。我们经常听人说:"这不公平!""因为我没有那样做,你也没有权利那样做。"我们整天要求公平合理,每当发现公平不存在时,心里便不高兴。应当说,要求公平并不是错误的心理,但是,如果因为不能获得公平,就产生一种消极的情绪,抱怨这个世界,这个问题就要注意了。

实际上绝对的公平并不存在,你要寻找绝对公平,就如同寻找神话传说中的宝物一样,是永远也找不到的。这个世界不是根据公平的原则而创造的,譬如,鸟吃虫子,对虫子来说是不公平的;蜘蛛吃苍蝇,对苍蝇来说是不公平的;豹吃狼、狼吃獾、獾吃鼠、鼠又吃……只要看看大自然就可以明白,这个世界并没有公平。飓风、海啸、地震等都是不公平的,公平只是神话中的概念。人们每天都过着不公平的生活,快乐或不快乐,是与公平无关的。

但是在生活中,我们往往会听到很多抱怨声:我的出身不好,我家里没有钱,我上学的学校不好,我的工作条件不好,没有一个能赏识我的老师……总觉得自己的生活不尽如人意,天天抱怨。有时候抱怨会产生连锁反应,越抱怨,倒霉的事情越是接二连三。

我们抱怨的时候,尽管能够从中获得别人同情的甜头,可是抱怨也是一把"双刃刀",也会带来负面的影响。常年抱怨的青少年,不仅不会得到别人的同情,还可能被周围的人排斥,因为他们已经听够了那些抱怨的言辞,再也不想在心理上遭受折磨了。再者,抱怨就好像是毒瘾,经常跟抱怨的人在一起,自己的情绪也会逐渐地降低,失去了对生活的热情。没有哪位青少年愿意自己的生活被别人的不好情绪所影响,所以在人群里,经常抱怨的青少年常常是最不受欢迎的人。

少一份抱怨,多一份思考和努力,这样的生活才会惬意。

有怨气不如有志气

美国人常开玩笑说,是一位布朗小姐的厚此非彼,才刺激"造就"了一位美国总统。

在读高中毕业班时,查理·罗斯是最受老师宠爱的学生。他的英文老师布朗小姐,年轻漂亮,富有吸引力,是校园里最受学生欢迎的老师。在毕业典礼上,当查理走上台去领取毕业证书时,受人爱戴的布朗小姐站起身来,当众吻了一下查理,向他表达了出人意料的祝贺。

当时,人们本以为会发生哄笑、骚动,结果却是一片静默和沮丧。许多毕业生,尤其是男孩子们,对布朗小姐这样不怕难为情地公开表示自己的偏爱感到愤恨。典礼过后,有几个男生包围了布朗小姐,为首的一个质问她为什么如此明显地冷落别的学生。

布朗小姐微笑着说,查理是靠自己的努力赢得了她特别的赏识,如果其他人有出色的表现,她也会吻他们的。

这番话使别的男孩得到了些安慰,却使查理感到了更大的压力。他决心毕业后一定要用自己的行动证明自己值得布朗小姐报之一吻。经过努力终于大有作为,他被杜鲁门总统亲自任命为白宫负责出版事务的首席秘书。

当然,查理被挑选担任这一职务也并非偶然。原来,在毕业典礼后带领男生包围布朗小姐,并告诉她自己感到受冷落的那个男孩子正是杜鲁门本人。布朗小姐也正是对他说过:"去干一番事业,你也会得到我的吻的。"

倘若杜鲁门因为布朗小姐的冷遇而一蹶不振,终日抱怨,那么,美国人将失去一位优秀的总统,而杜鲁门本人则会与精彩的人生擦肩而过。

生活中,当我们遭到冷遇时,不必沮丧,不必愤恨,树立更加伟大的理想,并坚定地维护,唯有全力赢得成功,才是对曾经的屈辱最好的答复和反击。

不能因为月缺,就抱怨月亮不圆;不能因为日食,就指责太阳也不可靠。任何人都会遇到喜与忧,任何一天都有好与坏,所以,不要抱怨生活的不公,冷遇对于一个真正坚韧的人来说,是一把打向坯料的锤,打掉的是脆弱的铁屑,锻成的是锋利的钢刀。每一次锤打都是痛苦的,但历经的锤打越多,这把钢刀就越锋利,最终,你能够用这把由自己锻造的钢刀开辟自己的战场。

上天赋予我们生命的同时,在上面附加了许许多多的苦难。如果你期望自己能够有个不平凡的人生,就不要抱怨"冷遇"与"困难"的到来,因为,那些逆境中的折磨,正是你成就非凡人生的垫脚石,是上天恩赐于你的最好的礼物。

第10课
有人还没有开始尝试，
就已经被自己淘汰

很多人在时尚、潮流中追赶，但是看看时尚史中的里程碑，如香奈儿等，她们本来是敢于翻新的人，她们从来不模仿别人，只是在不断将自己内心的美表现出来。如果有人以为跟风能创造出艺术和时尚，那是大大的错误。

——《世界上最神奇的24堂课》

勇于突破"我不能"的自我限制

在不了解自己的情况下，人们通常会对自己产生怀疑，觉得自己没有办法突破自身的限制，发挥不出应有的作用。对于未知的环境，我们总是习惯于怀疑自己,总觉得自己不行。就是在这样自我怀疑中,我们消磨了勇于突破的意志,也阻碍了自己爆发潜能的机会。其实,人们在通常情况下只发挥出了他个人能力的1/10,而在受到了严重的挫伤和刺激之后,才能将大部分或者全部隐藏的能力爆发出来。

有一位哲人说:"任何的限制,都是从自己的内心开始的。"当自己不再相信自己,将自己的勇气和信心都锁进了心门里的时候,我们就再也完不成心中积极向上的誓言了。所以,想要人生按照自己的方向行走,想要生命中所有的潜能都爆发出来,就要敢于突破心中的枷锁、突破自我。

也许有人会说:"那不过是个很好的寓言而已。我不过是一个平凡的人。因此,我从来没有期望过自己能做什么了不起的事。"或许这正是问题所在——你从来没有期望过自己做出什么了不起的事来。这是事实,我们只把自己限制在自我期望的范围以内,我们压制了自己的潜能。但是人体确实具有比表现出来的东西更多的才气、更多的能力、更有效的机能。

500年前,你如果跟别人说,你坐上一个银灰色

卷三《世界上最神奇的24堂课》

东西就可以飞上天;你拿出一个黑色的小盒子就能够跟远在千里之外的朋友说话;打开一个"方柜子"就能看到世界各地发生的事情……他们也同样会告诉你"不可能",可事实上,如今都已变成了现实。

千万别说"我不行"!任何事情没做之前谁也不知道自己行不行。况且我们从尝试的利弊来考虑,尝试失败了,最多说明这条路确实行不通;而如果尝试成功了,岂不是让我们证明了自己可以做到?

如果别人能够静下心来饱读诗书,你也可以;如果别人能够和同学相处愉快、和父母相互理解,你也可以;如果别人能够站在众多的老师和同学面前说出自己对世界的主张,你也可以。

任何成功者都不是天生的。对你的实力抱着肯定的想法就能发挥出巨大的潜能,并且因此产生有效的行动,直至引导你走向成功。

在别人的嘲笑中向目标迈进

在我们的生活中,嘲笑无时无刻不在窥视着你,嘲笑就像一把无形的剑,杀人于无形之中;嘲笑也像一支逼人的枪,让人于难堪中成名。正如鲁迅先生所言:不在沉默中爆发,就在沉默中死亡。在嘲笑中也一样。

伟大的心灵导师,美国人戴尔·卡耐基利用大量普通人不断努力取得成功的故事,通过演讲和书唤起无数陷入迷惘者的斗志,激励他们取得辉煌的成功。每天都有大量的人在认真地探讨卡耐基的教学课程,但实际上,卡耐基自己的经历就是一部活生生的教材。

1880年11月24日,戴尔·卡耐基诞生于密苏里州玛丽维尔附近的一个小市镇。父亲经营一个小小的农场。家里非常穷,吃不饱,穿不暖。由于营养不良,小卡耐基非常瘦小,却长着一对与头部不很相称的大耳朵。曾经有一个孩子恐吓他道:"总有一天,我要剪断你那双讨厌的大耳朵。"他吓坏了,几个晚上都不敢睡觉,害怕在自己进入梦乡以后被怀特剪掉耳朵。

在学校里,瘦弱、苍白的卡耐基永远穿着一件破旧而不合身的夹克,一副失魂落魄的样子。有一次上数学课时,卡耐基被老师叫到黑板前解答问题。他刚走上讲台,就听见身后爆发出一阵哄堂大笑。下课后才明白同学们笑话他的原因。班上一名捣蛋鬼坐在他背后，在他的破夹克的裂缝处插了一朵玫瑰花，还在旁边贴了一张字条，写着："我爱你，瑞德·杰克先生。"在英语中，瑞德·杰克与破夹克是谐音词。卡耐基非常难受。回家后他对母亲说："同学们老是笑话我穿的破衣服，我不能集中精力听课。"妈妈说道："你为什么不想办法让他们因佩服你而尊敬你呢？"

1904年，卡耐基高中毕业后就读于密苏里州华伦斯堡州立师范学院。这时，家里已把农场卖掉，迁到学院附近。卡耐基负担不起市镇上的生活费用，就住在家里，每天骑马到学校去上课。他是全校600名学生中五六个住不起市镇的学生之一。他虽然得到全额奖学金，但还必须四处打工，以弥补学费的不足。

卡耐基发现，学院辩论会及演说赛非常吸引人，优胜者的名字不但广为人知，而且还被视为学院的英雄人物。这是一个成名和成功的最好机会。但他没有演说的天赋，参加了12次比赛，屡战屡败。30年后，卡耐基谈及第一次演说失败时，还以半开玩笑的口吻说："是的，虽然我没有找出旧猎枪和与之相类似的致命东西来,但当时我的确想到过自杀……我那时才认识到自己是很差劲的……"经历失败后,卡耐基发奋振作,重新挑战自我。

1906年,戴尔·卡耐基一篇以《童年的记忆》为题的演说,获得了勒伯第青年演说家奖。这是他第一次成功尝试,这份讲稿至今还保存在瓦伦斯堡州立师范学院的校志里。

年轻的卡耐基并没有因为同学们的嘲笑奚落而丧失斗志,从卡耐基身上我们可以看出,专心致志地向着一个准确的目标前进,所有的障碍就会不攻自破。要记住秘密的法则无时无刻不在我们的身边,它像一把利刃,帮助我们一路披荆斩棘;它像一盏明灯,带领我们走向美好的前方。

第 11 课
没有穷困的世界，只有贫瘠的心灵

不要囿于对地球上已经存在的事物的修修补补，而是激发自己更多的创造力，将自己具有创造性的思想传递给宇宙，与宇宙能量一起合作，才能丰富宇宙的财富，也充实自己的财富。这便是可以让任何人致富的既定法则。

——《世界上最神奇的24堂课》

让任何人致富的法则

100个富翁，会有100个发家故事、100种创富经历、100条致富之路。如果你向身边的人请教到底该如何致富，那么100个人可能会有100个答案：排队买彩票的人会告诉你致富完全靠运气；银行职员会告诉你致富全靠储蓄;保险代理人会告诉你致富全靠保险;你的老师会告诉你致富全靠教育基础;珠宝店的老板会对你说致富全靠投资珠宝;期货市场的炒家会告诉你致富全靠期货买卖……

现在,你可能是世界上最潦倒的人:你没有任何家族背景,甚至没有储蓄超过万元的朋友,你没有任何的资源可以利用,没有任何影响力,甚至债台高筑、居无定所。如果他告诉你这样穷困的你也能成为百万富翁乃至世界首富,恐怕你自己都不肯相信。但是请相信他的观点,无论你现在什么样子,就像有因就会有果一样,只要你开始按"既定的法则"做事,你就一定会逐渐富裕起来。

世间万物,包括我们已经获得的和将要获得的财富都源自一刻不停,按照规律运行的宇宙能量。宇宙有规律的运行创造了世界上所有的物质奇迹,而人类的思想是影响宇宙能量创造财富的唯一动力。所以,人的主观参与能够加大宇宙能量运行的活跃性和丰富性。

当你的思维运动与双手的创造结合在一起时,人就能从思想的动物转变为具有行动力的机器,人的想法在大脑中构思成熟,然后借助双手的力量和自然的资源转变为物质的现实。这个过程便是人类参与、影响宇宙能量运行的过程,也是创造财富的过程。

所以,不要囿于对地球上已经存在的事物的修修补补,而是激发自己更多的创造力,将自己具有创造性的思想传递给宇宙,与宇宙能量一起合作,才能丰富宇宙的财富,也充实自己的财富。这便是可以让任何人致富的既定法则。

即使你的手中没有那样一条成功线,但是没有资金的你一样能获得资金;入错了行的你也能找到合适的行业;待错地方的你能找到合适的地方。从你现在从事的工作做起,从你现在所处的地方做起,按照能够让你成功的"既定的法则"做事,你便能一步步靠近这些生命的奇迹。

穷困的世界源于心灵的荒芜

这个世界上从来不缺少任何致富的机会。穷人之所以贫穷,不是因为所有的财富都瓜分完毕,而是因为他们那贫瘠的心灵荒原上长满了杂草,却没有关于致富灵感的曼妙花朵。

是否善于思考是穷人和富人的差别之一,穷人往往一生都在等待财富与机遇的垂青,而富人之所以能够致富,就在于他们终生都在孜孜不倦地思索如何致富。

美国成功学大师拿破仑·希尔博士依赖自己所创的"心理创富学"而拥有亿万资产,他曾指出:"人的心灵能够构思到,而又确信的,就可以成为财富。"他依据这种想法提出了心灵创造财富的公式:财富=想象力+信念。在这个公式中,思考是我们无法忽视的重要一环,因为它将整个公式完美地串联起来。

生命固有的内在动力总是驱使自身不断追求更加丰富多彩的生活。智慧的天性就是寻求自我的扩张,内在的意识总会寻求充分展示的机会。对于一个有智慧而又渴望财富的人来说,用思考的力量获取财富无疑是一件充满乐趣的事情。

大自然正是为生命的进化而形成,亦为生命的丰富多彩而存在。因此,大自然中蕴藏着生命所需的充足资源。我们相信,自然界的真谛不可能自相矛盾,自然界也不可能使自己业已显现的规律失效。因此,我们更有理由相信,宇宙中资源的供应永远不会短缺。

记住这个事实:没有穷困的世界,只有贫瘠的心灵。谁也不会因大自然的供应短缺而受穷,那些穷人的窘迫并非完全是外界造就,更多是源自自己内心的贫瘠。其实,每个人都拥有一把打开财富之门的钥匙,只要你肯努力地去寻找,就会获得你想要的财富。

第12课
把真理变成习惯,就能保持最好状态

爱默生说:"成功,是对一个有价值目标的不断显现。朝着一个方向,永远尽最大努力地工作,成功就会接踵而至。"如果不能专注于自己应该做的事情,朝三暮四会让我浪费很多的时间。

——《世界上最神奇的24堂课》

魔鬼和天使有一个共同点:专注

如果要在魔鬼和天使中找共同点的话,他们都具有一种强大的能力,而产生这个强大的能力的源泉,就是专注。魔鬼也好,天使也罢,他们都专注于提高自己的法力,做罪恶的事情或者是善良的事情。

酷暑的阳光,不足以使火柴自燃;而用凸透镜聚光于一点,即使是冬日的阳光,也能使火柴和纸张燃烧,这就是"专注"的巨大威力,也是"朝三暮四"无法取得成功的原因。一个用心不专的人往往一事无成;而当一个人把他所有的精力凝缩成一点时,他会成为一把所向披靡的利刃,战无不胜。

在远古的时代,人们只能靠天火来烧熟食物吃。后来,有人发明了钻木取火,文明从此诞生。在我们的历史中,凭借专注力获得伟大成就的大有人在。当专注成为一个习惯之后,我们做任何事情的时候都能高效、快速。

爱默生说:"成功,是对一个有价值目标的不断显现。朝着一个方向,永远尽最大努力地工作,成功就会接踵而至。"如果不能专注于自己应该做的事情,朝三暮四会让我浪费很多的时间。

用心不专是一个人生活中的大忌。一事无成是常常用心不专的恶果。歌德教导我们说:"一个人不能骑两匹马,骑上这匹,就会丢掉那匹。聪明人会把凡是会分散精力的要求置之度外,只专心致志地学一门,学一门就要把它学好。"在你的身边肯定有许多庸人,你仔细想过没有,他们为什么会学无专长、一生碌碌无为？仔细观察,你会发现庸人的突出缺点就是难以专心致志。他们做任何事情都不能竭尽心力,于是就像凿井,他们花了许多时间和精力凿开许多浅井,却不会花同样的时间和精力去凿一口深井,所以,他们最终喝不到甘甜的井水。

最佳行动时机就是现在

有一个秘密,让哥伦布发现了美洲新大陆,让爱迪生发明了电灯,让比尔盖茨成为世界首富,它也将让你完全改变自己的处境,越来越走向光明有利的环境中。这个秘密就是:任何担忧都可以用行动来消除。

如果你感到不安、恐惧,过多的思考只能增加你的这种不安感。行动起来,你会发现原来并没有什么可怕的。但又有人问:何时行动是最好的呢？回答就是现在！现在就行动,任何准备都是无害最后的大动作的。

其实,人不仅要在现在此刻行动,也只能选择在现在此刻行动。

卷三《世界上最神奇的24堂课》

一个人不可能丧失过去和未来,一个人没有的东西,有什么人能从他夺走呢？唯一能从人的那里夺走的只是现在。任何人失去的不是什么别的生活,而只是他现在所过的生活；任何人所过的也不是什么别的生活,而只是他现在所过的生活。最长的和最短的生命就如此成为同一。

这是一个哲学式的分析,我们可以还原到生活中来理解。

生活中常有这种事情:来到跟前的往往轻易放过,远在天边的却又苦苦追求；占有它时感到平淡无味,失去它时方觉可贵。可悲的是,这种事情经常发生,我们却依然觊觎着那些"得不到"的,跌入这种"得不到的总是最好的"的陷阱中,遗失了我们身边的宝贝。

大部分的人都没有活在"今天"——不是活在"从前",就是活在"以后"。人生有许多宝贵的时刻都溜走了,因为我们的心都被过去和未来占满了。"活在今天"这个观念并不是非常深奥,却很少有人做到。

活在今天非常重要,因为只有此时才是你真正拥有的。除了此时此刻,你别无选择。活在今天,就是要承认你尝不到过去或未来的时刻。就是今天!信不信由你,你一生只有今天这一天,而且只有此刻这一刻。

我们也许可以不必在乎周围的一切,但是必须珍惜现在拥有的一切,好的、不好的;令人欢喜的,令人忧愁的。少些许遗憾,多几份坦然,即使有朝一日你将失去,那么你也会无怨无悔地说:我曾珍惜了我所拥有的。

抓住了此刻,就是给以自己一个良好的重新开始的机会。而之后的每一个此刻你都能抓住;放弃了现在,就像倒下了一个多米诺骨牌,之后的无数个"现在"也会被卷进来耗损掉。这是一笔不得不算的时间账。

第13课
忠于职守的力量

没有诚实,哪里来金斧头?甚至连自己的老本也会赔上。诚实是一个社会的话题,诚实赋予一个人公平处世的品格,使人生诚实可靠,使灵魂之间不会彼此利用、互相欺骗。

——《世界上最神奇的24堂课》

忠诚是一种高尚的情操

忠诚的人是高尚的人,忠诚是立身之本,它是一种义务,忠诚面前没有条件,忠诚比金子更可贵,忠诚胜于能力。

1.忠诚的人是高尚的人

忠诚于自己的工作,忠诚于公司,忠诚于老板,忠诚于自己的领导,这是一个员工的高尚品德。

在老板的眼中,忠诚比才能重要10倍甚至100倍。所以,许多老板宁要一个才能一般,但是忠诚度高、可以信赖的员工,也不愿意接受一个极富才华和能力,但却总在盘算自己的小九九的人。

忠诚也是做人之本。老板不在,你可以做很多事情:可以尽职尽责地完成自己的工作,也可以投机取巧;可以一如既往地维护公司的利益,也可以趁机谋私利。但是别忘了,老板可能一时间难以发现,那并非意味着老板永远也不会发现。

一个优秀的员工此时更应该时刻保持应有的忠诚,决不可因小失大,使自己作为一个优秀员工所具备的道德品质因为一时的疏忽而迷失。

当老板评价你的时候说:"不错!忠诚可靠!"这应该是对一个员工人格品质的最高褒奖和最大的肯定,每一个员工都应以此为荣。

2.忠诚是立身之本

忠诚建立信任,忠诚建立亲密。只有忠诚的人,周围的人才会信任你、承认你、容纳你;只有忠诚的人,周围的人才会接近你。老板在招聘员工的时候,绝对不肯把一个不忠诚的人招进去;客户购买商品或服务时,也绝对不会把钱掏给一个缺乏忠诚的人;与人共事,也没有谁愿意和一个不忠诚的人合作;交友,也不会选择不忠诚的朋友;组建家庭,那更是要看对方对自己是否忠诚,对方又是否值得自己付出忠诚……总之,人活着,就离不了忠诚。

在这个任何人都越来越无法脱离组织和团队的社会上,一个人没有忠诚就活不下去。一个丧失忠诚的人,不仅丧失了机会、丧失了做人的尊严,更丧失了立足之本。即使是那些从你身上获取好处的人,也会鄙视你、远离你、抛弃你。

3.忠诚没有条件

忠诚没有条件。因为忠诚是一种与生俱来的义务。你是一个国家的公民,你就有义务忠诚于国家,因为国家给了你安全和保障;你是一个企业的员工,你就有义务忠诚于企业,因为企业给了你发展的舞台;你是一个老板的下属,你就有义务忠诚于老板,因为老板给了你就业的机会;你在一个团队中担任某个角色,你就有义务忠诚于团队,因为团队给了你展示才华的空间;你和搭档共同完成任务,你就有义务忠诚于搭档,因为搭档给了你支持和帮助……总之,忠诚不是讨价还价,忠诚是你作为社会角色的基本义务。

4.忠诚比金子都可贵

在一个求新、求变的时代里,"忠诚",也许这是一个不合时宜的词。当整个世界都在谈论着"变化、创新、实惠"时,提倡"忠诚、敬业、服从、信用"之类的话题似乎显得陈旧落后。然而,社会要获得健康发展,我们就无法回避人与人之间最基本的契约,忠诚在任何国家、任何时代都是必要的。

忠诚是人类最重要的美德之一,从古到今,没有谁不喜欢忠诚。领导需要忠诚的下属,产品需要忠诚的消费者,每个人都希望有忠诚的朋友。员工忠实于自己的公司,忠实于自己的老板,与同事们同舟共济、共赴艰难,将获得一种集体的力量,人生就会变得更加饱满,事业就会变得更有成就,工作就会成为一种人生享受。相反,那些表里不一,言而无信之人,整天陷入尔虞我诈的复杂的人际关系中,在上下级、同事之间玩弄各种权术和阴谋,即使一时得以提升,取得一点成就,但终究不是一种理想的人生,最终受到损害的还是自己。

忠诚就是不要吹毛求疵和抱怨。完美的人是不存在的,上帝也会犯错误。

卷三《世界上最神奇的24堂课》

5.忠诚胜于能力

忠诚胜于能力。然而,让我们感到万分遗憾的是,在现实生活以及工作中,忠诚经常被忽视,人们总是片面地强调能力,这是非常可怕的。在我们这个社会里,不乏具备超强个人能力的人,他们凭着个人能力,可以通过很多公司的招聘审查。我们经常看到这样的商业报道:某某公司的技术开发人员把公司的技术秘密泄露给了竞争对手;某某公司的战略策划人员将公司的市场开发计划带到了另一家公司;某某公司的高层主管跳槽带走了公司一大批人才……这些事情之所以发生,就是因为事件的主角能力有余而忠诚不足。正如海军陆战队队员不忠诚可能危及国家安全一样,企业员工不忠诚则可能危及企业生存。

许多老板的用人标准主要有两个:能力和人品。没有能力,难以胜任具体岗位的工作。但更重要的是员工的个人品质,没有这个前提和基础,能力在为公司带来利益的同时也可能带来危害。因此,两者比较起来,后者对于公司的意义或许更大一些。

老板不在的时候,其实正是考验一个员工的忠诚的时候。如果一个员工对公司和老板都是忠诚的,即使你的能力一般,也同样能够获得老板的信任;即使偶尔出现工作方面的疏漏和差错,也能够得到老板和领导的原谅;如果你既忠诚又有能力,那你肯定能够获得老板的重用。但是,如果一个员工总是趁老板不在的时候偷懒,推卸责任,缺乏对老板和公司的忠诚,则很可能对他的职业生涯产生不利的影响。

敬业是值得推崇的精神品质

敬业才会出类拔萃,敬业是推销员成为优秀推销员的必备品质,把职业当做你生命的信仰,把敬业当成习惯。

1.敬业的人出类拔萃

研究成功者身上的特质,我们会发现,他们有一个最大的特点就是敬业。他们身上都有一种极强的敬业精神,而且,他们的敬业精神在人生的方方面面都表现出来,打电话也不例外。

只要拿起电话听筒,无论通话的对方是谁都无关紧要,他们一定会认真对待,绝不会随随便便,敷衍了事。

没有最好,只有更好,这是敬业员工的座右铭,也是值得每个人牢记一生的格言。但是,有很多员工因为养成了轻视工作、马虎从事的习惯,对工作敷衍塞责,招致一生碌碌无为,当然就不能出类拔萃。

世界上想做大事的人极多,愿把小事做好的人并不多——而敬业的人工作之中无小事。用心去做每一件事,不要轻视它。即便是最不起眼的事,也要尽心尽力去完成,因为对大事的成功把握来源于小事的顺利完成。只有踏踏实实地做好现在,才能赢得未来。

做好你的本职工作,让你的敬业指导你做好工作并去感染身边的每一个人。如果你想成功,就必须选择敬业,敬业才能让你出类拔萃。

2.职业是你的信仰

敬业,简单地说,就是尊崇自己所从事的行当(即职业);详细地说,就是指从业人员在特定的社会形态中,认真履行所从事的社会事务,用一种恭敬严肃的态度,来对待自己的职业,在职业生活中尽职尽责、一丝不苟、兢兢业业、埋头苦干、任劳任怨。

敬业精神是现代社会所倡导的,也是所有公司企业生存所必需的。任何一个公司都欢迎敬业的员工的加盟,同时也在给予现有员工必要的激励以使他们更加敬业。

一个敬业的员工会将敬业意识记在心中,实践于行动中,做事积极主动,勤奋认真,这样他就不仅能获得更多宝贵的经验和成就,还能从中体会到快乐。我们也经常看到不敬业员工的身影,他们自作聪明地在工作中偷懒,不负责任,头脑中根本没有敬业精神,更不会把敬业看做是一种神圣的使命。一个敬业的员工,处处认真负责,一丝不苟,站在这样一群不敬业的人当中,自然是鹤立鸡群,也会得到老板的关注,迟早会受到老板的重用和提拔。

3.培养敬业精神

敬业精神是强者之所以成为强者的一个重要方面,也是由弱而强者应该具备的职业品性,如果你在工作上敬业,并且把敬业变成一种习惯,你会一辈子从中受益。

初涉职场的年轻人都有这样的感觉,自己做事都是为了老板,为老板挣钱。其实,这是情理之中的事。如果老板不挣钱,你怎么可能在这家公司待下去呢?但也有些人认为,反正为人家干活,能混就混,公司亏了也不用我承担,甚至还扯老板的后腿。其实,这样做对老板、对你自己都没有好处。

事实证明,敬业的人能从工作中学到比别人更多的经验,而这些敬业便是你向上发展的踏脚石,就算你以后换了地方,从事不同的行业,丰富的经验和好的工作方法也必会为你带来助力,你的敬业精神也会为你的成功带来帮助。因此,把敬业变成习惯的人,从事任何行业都容易成功。

现代社会中,由于经济高速发展,工作机会很多,因此常有企业招募员工,但是你千万不要以为到处都有机会,而对目前的工作漫不经心,也不要因为不怎么喜欢目前的工作而整天混日子。每一个职场中人,都应该磨炼和培养自己的敬业精神,因为无论你将来到什么位置,做什么工作,敬业精神都是引领你走向成功的最宝贵的财富。

第14课
越单纯的人越有力量

生活就是这样,太在乎赢了,往往输得很惨;太在乎得了,往往失去很多;太期盼财富了,往往离贫穷越来越近;太想求生了,反而容易被死神召唤。但是,当你太过急于求成的时候,你就会过于顾虑到外在的种种因素你的顾虑越多,你的心就越累,灵魂也就越沉重,整个生命便与生活在不知不觉中向下坠落,使自己陷入一种分身乏术的困境中。

——《世界上最神奇的24堂课》

所有的挫败都不能伤害到一颗纯粹的心

匆忙的旅人永远是落在从容者的后边;疾驰的骏马落后,缓步的骆驼却不断前进。詹姆斯·艾伦曾说:"我发现,凡是情绪比较浮躁的人,在关键时刻都不能做出正确的决定,因为成功人士基本上都比较理智。"只有当人在平和纯粹的心境下,他的思维才能更活跃,才能更理智地分析判断,从而能够严格控制自己的情绪,尤其是在关键时刻,为自己赢得胜利的机会。

很多人在生活中总是以焦虑来折磨自己。他们优柔寡断,充满恐惧,甚至无法接受自己的感觉或缺点。他们对任何事情都不敢做决定,对于所谓的生活中的"失败"感到羞愧和内疚。他们的行为总是充满矛盾,否则就是害怕得不敢采取任何行动。焦虑已经成为他们的生活方式。恐惧和精神上的毛病充满在他们脑中,取代了他们应有的成功与自信的感觉。

能成大事之人必有宠辱不惊的品质。诸葛亮在南阳草庐隐居十余年,在清风明月中读史,在竹林泉石旁对弈,日观风云变幻,夜察星斗转移,不问名利,不求闻达,胸中始终保持傲然之志,待出山之时便矢志不渝,鞠躬尽瘁,死而后已。淡泊是傲岸,淡泊也蕴涵着温和,淡看名利,淡看世俗,无欲无求,也无所羁勒。正因为心中无尘杂,志向才能明晰坚定,不会被贪念侵蚀,也不会被虚荣蒙蔽。宁静则是心灵的洁净,宁静更是一种禅意。

生活就像一条波浪线,总是在平静之中渐渐走向高潮,高潮之后趋于平静,平静过后又再次走向高潮。倘若我们的心灵总是被生活的起起落落所干扰,就无法得到心中的那一隅纯净;倘若心中杂念过多,我们就很容易遗落最初的梦想;遗失了梦想,追求和成功又将从何说起呢?

人在一生当中的轨迹早已被安排好,而作此安排的不是别人,正是你自己。你的思想里向往的是什么样的生活,你所经历的就是什么样的生活。这就是吸引力的法则。当你的内心得以平静的时候,你才能真正倾听到心中的声音,才能不忘你所要求的到底是什么。

我们常说:初生牛犊不怕虎。不谙世事的孩子为什么总是无忧无虑,而随着渐渐长大为什么就会有越来越多的困难和烦扰?孩子的目光之所以是清澈透明的,正因为每个孩子都有一颗透明的心。心境纯粹清透,就无惧外边世界的艰难险阻。有的时候,我们不妨试着去寻找一下童年时代的感觉,用一个孩子的眼光去看待这个世界,将身心全部放松,你会发现,其实这个世界是那么美好。

找一个你不会被打扰的地方,一个安静的地方。自然地坐着,合上眼睛,注意自己的呼吸,注意空气吸进和呼出鼻孔。看着空气旋转着进入鼻孔,然后缓缓飘出。两分钟之后,开始感觉自己的身体(即注意体内、皮肤、四肢的重量等各方面感受)。一分钟之后,慢慢将注意力移到胸部并轻轻地停在那里。几秒钟之后,你的注意力很可能会被闪过的念头或感觉所分散。不要抗拒这种趋势,但当你注意到这种事开始,缓缓地将注意力收回到胸部。结束练习时只是静静坐着,什么都不做。

虽然这是一种十分简单的方法,但是所释放掉的消极能量却很可观——你可以感到肩头沉重的担子被卸掉了,而且一种轻快镇定的情绪传遍全身。更为重要的是你将开始体验到,不论你所处的环境多么混乱,只有集中精神、泰然自若才是最佳的应对之道,因为它会让你回归自我,远离周围的迷惘与混乱。古希腊哲学家柏拉图说:"人间万事,没有任何一件值得过度焦虑。"其实,当你全力去追求平和和纯粹的感受时,你所吸引来的只会是那些能够让你感受到美好的事,而不是那些让你感觉焦虑不安的事物。

感受心灵的纯粹吧,它就像春天里清脆的歌声,又像秋日里累累的果实,让人倍感亲切和珍贵;它又像沙漠里的一片绿洲,丛林里的一朵小花,让你惊讶和欣喜;它是躲在幸福后面的一道风景,只有拥有它,你才能倍感幸福。

不放弃万分之一的成功机会

"只有1%的希望,也要付出100%的努力救人。"这是在中国汶川大地震的时候,温家宝总理说出来的一句温暖人心的话。在当时,1%的希望就关系着一个人的生命,为了挽救这个生命,付出巨大的代价也是值得的。

在我们的人生中,也有很多时候需要面临这样的情况:成功的希望非常渺小,你甚至对它都不报任何的奢望,是收手还是继续努力,就在一念之间。

只要事情是正确、是应该做的,是为了你的人生理想而必不可少的,你就应该全力以赴。

有一个小伙子想在圣诞节之前赶到纽约,妻子去帮他买票,售票员却告诉她:"很抱歉,没票了,而且有人退票的希望只有万分之一。"于是,妻子失望地回到家,告诉他所发生的一切,却没想到,听了妻子的话后,小伙子立即收拾好了自己的行李,准备出发。看到妻子很疑惑,小伙子这样说:"我去碰碰运气,如果没有人退票,我就当是提着行李去散步了。"小伙子在车站里一直等待着,直到开车前的三分钟,终于等到了一位女士因为自己的孩子生病了不能出行而退票,他也因此踏上了去往纽约的列车。

这个小伙子就是美国百货业巨子甘布士。他回顾自己在创业上的成功经验时说:"我之所以成功,是因为我抓住了万分之一的希望。别人以为我是傻瓜,其实这正是我与众不同的地方。"

生活中我们缺少的就是这种坚持。希望的事情没有做成后,就放弃了,伤心,失落,甚至抱怨,觉得老天对自己不公。甘布士之所以成功就在于他没有抱怨,而是怀着这万分之一的希望去努力,所以他不仅赢得了车票,还赢得了事业上的成功。

单纯地去坚持理想,只要你还在努力就有希望。为了那万分之一的希望,用一颗纯粹的心,忽略来自外界的种种干扰,这只有优秀的人才能做到。

第15课
看不到自己的独特,便只能平庸

人生之中,你最大的智慧是了知生命的本质和秘密。你最大的幸福是预知自己的命运,而这种预知,来源于正确认识自己,最终把握住自己的命运。人一生的工作也只为了认识自己如果发展方向是正确的,自己可以是草芽,遇春风春雨就破土,释放氧气清新原野;自己可以是树苗,在阳光雨露滋润下长壮长高,撑出绿荫抚慰人心。

——《世界上最神奇的24堂课》

开放的花园最美,开放的人生最宽

有人说:心有多大,世界就有多大。

心太小,装的东西少,眼光浅,世界小,舞台就小；心越大，能容世界百态，眼光长远，朋友多，可以做的事也多；心越大，看待事物的格局就越大，手笔也就大。把眼光望远一点点，开放自我，你将会走得更远，你能看到和现在完全不同的景象。

曾有一个著名的企业家说过："凡系统，开放则生，封闭则死。"国家如此，社会如此，人亦如此。开放这个词语，对于我们来说应该不太陌生，改革开放让我们中国13亿占全世界人口四分之一的地球公民有了尊严。所以对这个字眼，我们的心中更有感受，更应该充满了感激。开放是我们时代的趋势，时代的浪涛冲刷着那些不开放的障碍，最后开放变得不可阻挡。

开放，是一种心态、一种个性、一种气度、一种修养；是乐于承担责任和接受挑战；是具有极强的适应性，乐意接受新的思想和新的经验，能够迅速适应新的环境；是坚强，敢于面对任何的否定和挫折，不畏惧失败。只有开放自我，才能热爱创新，不墨守成规、不故步自封、不固执僵化；只有开放自我，才能乐于和别人分享快乐，并能抚慰别人的痛苦与哀伤；只有开放自我，才能勇于承认自己的不足，并能乐观地接受他人的意见，而且非常喜欢和别人交流;只有开放自我,才能对周围的世界都怀有强烈的兴趣,喜欢钻研和探索。只有开放自我,才能正确地对待自己、他人、社会和周围的一切。

能够超越别人的人不一定能超越自我,能够超越自我的人才是真正的胜利者。开放的过程是一个不断超越自我的过程,只有在不断的超越中,人才能体验到真实的自我,体验到自我价值实现的欢愉。原来,最大的敌人就是自己,是自己的怯懦阻止了自己的开放。

不打开自己,一个人就不可能学会新东西,更不可能进步和成长。在一个组织里,最成功的人就是拥有开放胸怀的人,他们进步最快,人缘最好,也最容易获得成功的机会。开放和超越的过程就像一条蛇形的小路一样,盘旋延伸,人就在这充满希望的蛇形路上追求着自我,实现着自我,超越着自我。你只有在不断的超越中,才能体验到真实的你,体验到你自己价值得以实现的欢愉。学着开放自己吧,让心灵宽广,时时抹去窗棂上的尘埃,心灵永远打开窗户,让阳光照进来,乘着阳光让思绪飞翔,让思想把希望点亮,你的心有多大,你将会走多远!

做一个不想"如果"只想"如何"的人

问题面前有两种人：一种人一味退缩，"我不行，我找不到好方法"；另一种人迎难而上，坚信如果有一千个问题，必有一千零一个方法。后一种人永远不会被问题难倒，他们总能找到适当的方法。

无论在生活，还是在工作中，我们总会碰到各种各样问题。这些问题就像拦路虎，挡住了我们的去路，使我们战战兢兢，不敢前行一步。也许我们努力了，但还是无法成功，于是更多的人选择放弃，并安慰自己：算了吧，这是一个解决不了的问题，我还是不要再浪费时间了。

但是，问题真的解决不了吗？情况似乎并不是这样的。我们说：如果有一千个问题，必有一千零一个方法。

寻找解决问题的方法虽然不容易，但方法总是有的，只要我们努力地思考。工作中的难题也是这样，所以在工作中，如果我们遇到了难题，就应该坚持这样的原则：努力找方法，而不是轻易放弃。

古希腊伟大的思想家柏拉图说："思考的危机决定了一个人一生的危机。"同样，思考的失败，也决定了一个人一生的挫败。一个不善于思考"如何"而只思考"如果"的人,会遇到许多取舍不定的问题;相反,做一个不想"如果"而只想"如何"的人,可以让自己更自如地应对危机与挫折。

要相信自己的大脑,要信任你的智慧。任何问题都不会有山穷水尽之时,在能补救之前不必绝望,而要冷静寻找对策。

卷三 《世界上最神奇的24堂课》

第 16 课
发掘不尽的成功之源

拥有专业能力,就是知识丰富并且执行力强,可以帮企业解决问题。"拥有专业能力"是一种绝佳的个人品牌,是一种内涵的呈现。由于不断地有新知识及新技术的推出,为了避免过时,必须不断地增进专业能力,这是打造个人品牌首先要注意的!

——《世界上最神奇的24堂课》

把自己当成一家公司去经营

经营一家公司,最重要的就是经营这家公司的品牌。可能产品都相差无几,但是消费者看重的是企业的整体形象,因为品牌商品有品质保障。作为个人,我们也要把自己当做一家公司来经营,打造出属于自己的个人品牌。通常情况下,你的名字就是你的个人品牌,你的名字就代表着你的工作能力,你的名字也就成了你的工作能力的象征。

要打造个人品牌,你就要时时保持你的竞争力。往往,你的个人品牌也代表着你的道德观、作风、形象、责任,好的品牌之所以强势,就是因为它结合了"正确的特性""吸引人的性格",及随之而来的与消费者的"良好互动关系"。"个人品牌"必须有"正确的特性""吸引人的性格",只有这样,才会美名远扬,为自己创造更多的机会!

如何才能打造自己的个人品牌呢?

1.不断提升自己的专业能力

拥有专业能力,就是知识丰富并且执行力强,可以帮企业解决问题。"拥有专业能力"是一种绝佳的个人品牌,是一种内涵的呈现。由于不断地有新知识及新技术的推出,为了避免过时,必须不断地增进专业能力,这是打造个人品牌首先要注意的!

2.拥有谦虚的态度

无论什么时候,谦虚的人都会受欢迎的。如果你能力有限,谦虚会让人感觉你诚实上进,如果你工作能力很强,谦虚会让人感觉你的综合素质很高。

3.维持学习力及学习心

学习力及学习心是不老的象征,也是延续个人品牌的手段。一个不断学习的人内在是丰富的,也会更容易拥有自信心及保持谦虚的态度。学习会让你时时刻刻感觉在进步。学习会让你找到自身的不足,从而改正陋习。

4.强化沟通能力

沟通能力包括"倾听能力"及"表达能力"。个人品牌必须透过沟通传达出去。你必须要有能力在大众面前清楚地表达,透过文字传达思想,也要学习站在他人的角度看事情,尝试以对方听得懂的语言沟通,为了达到这个目的,倾听是必要的。

5.亲和力

亲和力是一种甜美的气质,让人在不知不觉中被你吸引。亲和力也是一种柔软的积极性,是透过"与人亲善"的特质发挥更多的影响力。

6.外表

外表是很重要的。当别人还没有机会了解你的内涵,就会从你的外表来判断你的好坏。学习让你看起来清清爽爽、专业诚恳,以整洁利落来表达你充沛的精力及良好的态度,是职场中的每一个人都必备的能力。

建立个人品牌,可以从自己的强项开始。每个人都有自己独特的能力，从自己独特的能力开始，是最容易建立个人品牌的方法。

这是个自我行销的时代，你的表现是你的"最佳简历"。我们必须做到处处塑造我们的个人品牌，让每个见过你的人都能记住你，那样，成功就离你不远了。

成为百万富翁不是一种机会，而是一个选择

如果你已经接受了既定的事实，认为你的人生已经没有更多的机会可言，那么我们来看看你对收入的选择：

选择一：你有一份稳定的工作和固定的收入。每天的生活很规律，没有过多的陷阱，不需要冒险，可是你不会有更多的机遇。你被你的工作限定住了，你不可能会有更多更好的选择，因为一旦你偏离了自己的轨道，那么这份让你为之自豪的工作，就可能保不住了。我能够说明的是，你的生活还不错，最起码要比那些找不到工作而到处流浪的人强很多。

选择二：创业。很多人厌倦了给别人打工而幻想寻找到一种新的刺激，也有人是带着自己的梦想投入到创业中来的。不可否认，这是一件十分危险的事情，因为你不知道在哪里会遇到陷阱，也不知道什么时候会赔个血本无归。但是，如果获利，你也可能跻身于富翁的行列。

选择三：你可以做自由撰稿人或者自由职业者。这样的工作很自由，发展空间也大，可是你要具备相应的才华。

选择四：融合。自己有一份稳定的工作，将一部分积蓄拿出来与人合资做生意，可是这样会很累，赚钱的空间也有限。

可能还有更多的选择，可是每一种选择都有利有弊，关键是我们要去做。

有时候，我们羡慕别人的成功，可是别人也是一步一步走出来的。不是他的机会好，而是他懂得怎样在生活中做出选择，并且怎样将自己的选择做到最好。那么，想跻身于百万富翁行列的你，首先就应该学会做好每一次的选择。

第17课
折磨你的人,是化了妆的天使

青松总是屹立在寒冷的冬天,雪越厚,它站得越直。面对挑战,可以看出人的气度和修养。很多时候,面对别人的挑战,别人的语气、眼神、手势等都可能搅扰我们的心,使我们丧失往前迈进的勇气,甚至让我们成天沉迷在愁烦中不得解脱,在前进的道路上迷失自我。面对人生,就让我们以闲看云卷云舒、花开花落的心境,以从容去选择,选择一种气度,选择一种风范,选择一种壮美。

——《世界上最神奇的24堂课》

人性的弱点会在安逸中疯长

古希腊的一位哲学家说过:"人的一半是在危

机中度过的。"鲶鱼效应告诉我们：一个人的生活过于安逸，那么当他面对逆境时，就会无法摆脱逆境的困扰，终究会在逆境中灭亡。

欧阳修在《伶官传序》表达了这样一个道理："忧劳可以兴国，逸豫可以亡身。"孟子也曾经这样说："天将降大任于斯人也，必先苦其心志，劳其筋骨，饿其体肤，空乏其身，行拂乱其所为，所以动心忍性，增益其所不能。"自古以来，人们就懂得"居安思危"的道理。安逸舒适是每个人所追求的生活目标，但一个人如果缺乏危机意识，过于安逸舒适可能使人缺乏斗志进步，使人举步维艰，不能适应环境的改变，赶不上时代的脚步，也就会被社会所淘汰。

"生于忧患，死于安乐"，人天生就是有惰性的，总愿意安然现状，不到迫不得已多半不愿意去改变已有的生活。第二块石头就是这样，久久沉迷于这种无变化、安逸的生活时，就往往忽略了周遭环境等的变化，当危机到来时就只能坐以待毙。

瑙鲁是位于南太平洋的一个美丽的小岛，有着取之不尽的鸟粪资源，年输出鸟粪的纯收入高达9 000多万美元。在这个小岛上生活的人，无需工作，他们的一切都由政府包干,而且每人每年还享受政府发放的35万美元的零用钱。岛民们过着极其奢华的生活,养尊处优,舒适安逸。然而,就是在这么一个美丽的岛国里,高血压、心脏病、脑中风发病率高居世界之首。全岛中仅有1.3%的人能活到60岁,是世界上人均寿命最短的国家之一。

一个国家一个民族,更加不能沉醉于眼前的成果。在自认为是桃花源的地方待久了,我们会害怕、犹豫,然后是你并不能感知到的落后,一切可怕的东西都会接踵而来。陶醉现在已有的安逸生活中,没有危机感和不满足感,那么他就只会走下坡路。今天的成功并不意味着明天的成功。

未雨绸缪、居安思危,不管是个人还是集体,只有不断地保持自己的饥饿意识,制定远大的目标,才不会在生活中各方各面的竞争中被打败;你只有时刻保持面临着危机的心态,你才能在真正危机到来时,临危不乱。

回顾一下过去,没有考试催促的时候,你是否打不起精神来学习?不到要交作业的时刻,你就不想去动笔写作业?洪水未到先筑堤,豺狼未来先磨刀。这样在危险突然降临时,才不至于手忙脚乱。在你的生活和职业上都是如此,逆水行舟,不进则退。你生命中那些猛烈的挫折和困难并不可怕,反而常常激发了你的潜能;可一旦趋向平静,你便耽于安逸、享乐、奢靡、挥霍的生活,而不断遭遇失败。

感谢折磨你的人,他们让你更强大

人们常常抱怨磨难,抱怨那些让我们的生活变得艰苦的事情,抱怨那些让我们的内心承受煎熬的经历。可是,人们在抱怨的时候并没有想到,这些磨难就像烈火,我们只有在经过锤炼之后,才会变得更加坚韧、更加刚强。

别人折磨你的时候,会觉得很沮丧甚至很失望。尤其是对方说话或者做事的态度很难让你接受,你觉得对方很讨厌,然后产生怨恨。可是,如果你静下心来想一想:在你承受对方给你的压力之后,你是否成长了?你得到的仅仅是一顿谩骂或者凌辱?你只是受害者而全然没有从中受益?

罗曼·罗丹曾说:"只有把抱怨别人和环境的心情,化为上进的力量,才是成功的保证。"有勇气面对一切令你困苦的人和事，淡然地面对别人的折磨，才能不断磨炼自己，才能够不断取得进步；同时这也显示了自己莫大的勇气和自信。相反，一个听到别人的批评就暴跳如雷、反唇相讥的人，往往都缺乏涵养、心胸狭窄、毫无远见。

日本大企业家福富先生年轻的时候曾经做过服务生，他的老板毛利先生常常很严厉地责骂他。每次挨骂，他心里总是很难过的，可是他发现自己每次挨了责骂后都会得到一些启示，学会一些事情。后来，福富先生说：被人指责训诲，就是在接受另一种形式的教育。对于毛利先生一年365天的不断教导，福富至今仍感谢不已。

人生是不平坦的，但同时也说明生命正需要磨炼，铁石经历百般的冶炼和敲打才能愈来愈坚硬；燧石受到的敲打越厉害，发出的光就越灿烂；正是这种敲打才使它发出光来，因此，燧石需要感谢那些敲打。人也一样，感谢折磨你的人，你就是在感恩命运。

那些折磨你的人，你为什么不对他心存感激呢？不管他们出于什么样的原因他们都有一种特殊的原因，也许他们放大了你的缺点和不足甚至无中生有,当然,正是这些"放大"和无中生有,才让你认识到自己的缺点并改变它,磨炼了你的意志,让你变得坚强。所以,批评和讽刺之下,感谢折磨你的人,不气馁,用自信做支撑,用实力去说话,这样,你注定会与成功结缘。感谢折磨你的人,你才不感到困苦,你的生活就会洋溢着更多的欢笑和阳光,世界在你眼里才会更加美丽动人。

第18课
承认糟糕的现实，
并不有损自己的品格

如果你的人生中没有任何的危机感，那你将面临的可能是一个潜在的人生危机。我们知道和平时期的人们偶尔也会进行军事演习来保证自己的战斗力。如果你想在出现危机、面对挑战的时候有一个好的状态，那需要你一直给自己一些压力。

——《世界上最神奇的24堂课》

危机是化了妆的机会

让我们从语言学的角度来考虑"危机"这个词的含义。

从"危机"一词的组合中我们可以看出：危险中

往往蕴藏着新的机会。那些善于思考的人,往往能变"危机"为"良机"。

塞翁失马,焉知非福。任何危机都蕴藏着新的机会,这是一条颠扑不破的人生真理。而能否有效地利用危机,从危机中发现机会,便是成功的一大关键。

如果你的人生中没有任何的危机感,那你将面临的可能是一个潜在的人生危机。我们知道和平时期的人们偶尔也会进行军事演习来保证自己的战斗力。如果你想在出现危机、面对挑战的时候有一个好的状态,那需要你一直给自己一些压力。

每次看到短跑运动员在田径场上飞奔,人们忍不住会问一个问题:这些运动员在平时也会以这种速度跑步吗?这是一个看起来非常愚蠢的问题,但由此却可以引申出一个更有深意的问题:为什么这些运动员平时的速度跟比赛时的速度会有如此大的差异呢?

一个简单而合理的解释就是:他们在平时不会保持高度紧张。确实如此,对于比赛中的运动员来说,不停跳动的秒针、身边闪过的选手,以及前方不远处的终点线……都会给他们带来巨大的压力,使其无形之中产生一种强烈的紧迫感,从而使他们的精神也会因此保持高度紧张,速度自然也会加快。

在哈佛大学,曾经有个风传一时的故事,说是有一个一向为学生爱戴的教务长,有一次问一个学生,为何他没把指定的作业做好。学生回答说:"我觉得不大舒服。"

教务长说:"史密斯同学,我想,有一天你也许会发现,世界上大部分事,都是由觉得不太舒服的人做出来的。"

这个故事很短,可它却给压力或危机管理做了一个最好的注解。

也许你现在的境况很糟糕,但这将只会是一个暂时的情况。可能你还没有认识到自己正处于一个重要的改变自我、突破自我的阶段,可能你对现在自己的一些困境有点难以承受,并且不愿意向人透露。不过,当你在了解秘密法则的时候,你要懂得:即使情况很糟,你也要学会从好的方面来看问题。如果是这样想的话,你就会发现,对别人来说糟糕的危机或压力,对你来说可能是化了妆的机会。

人生的低谷是一面镜子

山有峰巅,也有低谷。很多人都喜欢峰巅,但是低谷自有低谷的风景。

低谷是一种美妙的人生品味,它教会了我们希望、忍耐和奋斗。低谷的风景忧郁而美丽,低谷可以使我们变得对生活更执著、更沉着、更热烈,低谷更可以使我们成功后回味无穷。

人生的低谷更像是一面镜子,人生的低谷能够教会我们审视人生、重新认识自己。人往往看不清自己,总是在处于逆境的时候才肯回过头来看看自己到底错在哪里,只有通过实践的验证才知道自己是怎么回事。当我们走了一段弯路,跌得头破血流时,才会在实践的基础上深刻反省自己,为自己今后的道路制定一个比较切合实际的目标。当我们走出低谷时,我们会变得更加成熟、坚强和理性。以前的经历则是以后的经验,只有经历了实实在在的痛,以后的人生道路上我们才能谨言慎行,正确把握自己。置身于人生的低谷有时会让我们大彻大悟,让我们在人生的低谷中学会品味人生。

人生的低谷是锻炼意志的摇篮,而意志的锻炼则需要艰苦的环境。艰苦的环境能锻炼人的体魄,人生的低谷则能锻炼人的意志和素养。人生处于低谷时我们不得不承受、包容来自各方面的压力,我们只有默默地承受这一切,然后告诉自己,一切都将重新开始。

"生活是一面镜子,你对它笑,它就对你笑;你对它哭,它也对你哭。"对待生活,我们大多数人都还来不及体味和享受,就已经匆匆地走到了目的地。尤其在刚刚开始的时候,总喜欢把自己的目标定得又高又远,最后,当我们失望地发现,现实远不如我们想象中的那么美好,于是,许多人都会退而求其次。就像一面镜子,照出了五彩的生活,也照出了人性的美丑和真假!

当你身陷人生的低谷,首先是要有一颗向上的心,就像朝阳,而不是夕阳。

上帝关上一扇门的同时,会为你打开一扇窗,仔细寻找任何可以帮助你走出困境的工具,不放弃任何成功的希望。车到山前必有路,记住,你可以走进来,就一定可以走出去。

第19课
缩小自我便得安宁

把自己看得太重的人,不能容忍任何人对自己的小小挑衅,常常将自己的受到的伤害放大,自己也因此更加感到痛苦;而心中有大局的人,却可以把自己置身事外,忽略别人对自己的伤害,不仅让事情朝着最优的方向发展,也很好地保护了自己的情感。能够开创一番事业的人,一定是一个心胸开阔的人。而心胸开阔的第一步,就是要放下自己,敞开心扉。

——《世界上最神奇的24堂课》

宇宙,一切与你和谐的东西,也与我和谐

当我们缩小了自我,又如何来认识宇宙呢?

宇宙是一个秩序井然、运行有序的宇宙,世界

是一个浑然一体、和谐共荣的世界。和谐即伦理,而且是伦理的至高境界。和谐不仅是善的,具有至高无上的伦理学意义,而且是美的,极具美学价值。大自然处处充满了美,而自然之美美在和谐。

生态系统充满了无形的秩序,展示着她的和谐之美。从太空中遥望地球,她恰似一颗生机勃勃的宇宙蛋,而"地球之美主要体现在和谐之美和发展之美:和谐之美是静态美的最高境界,而发展之美则是动态美的极致"。自然界内置着一个十分可爱的程序,一个与她的复杂性匹配的程序。一样的生命,同样的存在,理应共享地球和谐之美。草原、鸟儿、溪流、鱼儿、花儿等悠游自在,共同在大地的怀抱里体验神奇的生机,享受奇妙的和谐,那是何等美丽!

和谐是鸟儿那坚硬的翅膀,没有了它,人类再也无法飞翔;和谐就像是汽车那提供动力的发动机,没有了它,人类再也无法奔驰;和谐是帆船那伸展的白帆;没有了它,人类再也无法冲浪。人是宇宙体系的一部分,他的本性与万物有的本性同一的,所以,他应该同宇宙的目的相协调而行动,力图在神圣的目的中实现自己的目的,以求达到最大限度的完善。

所有的事物都是相互关联的,几乎没有一个事物与任一别的事物没有关系。理性动物是彼此为了对方而存在的,所以,在人的结构中,首要的原则就是友爱的原则,每个人都要对自己的同类友好,意识到他们是来自同一根源,趋向同一目标,都要做出有益社会的行为的。

同时,自然环境是人类社会赖以存在的重要物质基础,走人与自然和谐之路,保护和改善环境,尽其所能提高自然资源利用效率,也是促进人与宇宙之间和谐的理性选择。

与人和谐相处并不是一件很容易的事,表现得太过谦卑、随和,可能被人看不起,表现得太过强势、霸道又难以赢得他人的认同,赞美容易被误解为奉承,自尊也会被混淆于虚荣,只有做得恰到好处,方能称得上"和谐"两字。

与人和谐相处,首先要避免挑剔和苛责,对于那些以言词冒犯我们,或者做了错事的人,一旦他们表现出和解的意愿,就乐意地与他们和解。凭借自身的道德品格使人警醒,不要对他人说教,通过自身的行为为他人作好品质方面的榜样,同时又以尊重和柔情使人感到愉悦,让他人明确自身的义务,又能享受生命的喜悦。

人生最大的和谐,就是你放弃要改变整个世界成为你希望的样子的想法,而创造一个理想的小世界在你的周围,同时也允许其他人选择的世界模式与之并存。

要做的是让自己进步,而不是和别人竞争

假如有一天,和你一直处于竞争状态的人向你求助,希望得到一份对你战胜他起关键作用的文件,你愿意分享吗?或者当你知道了眼下的这个秘密,也发现它对你有很大的帮助作用,你愿意将它公之于众吗?

这是一个艰难的选择。因为我们现在所处的环境告诉我们:"没有足够可用的资源,只有贫乏、限制和不足。"这种想法令人总是觉得自己和别人是一个此消彼长的关系,幸福是一个定数,不是在你手里就是在他手里,你必须和别人竞争。而事实真相是有用之不竭的资源,有无穷的创意,有无尽的

动力，有无限的爱，有无尽的欢乐……这个正是秘密法则的优美之处，它告诉人们无需感到不安和危险，人们不需要提防他人，而应该专注于自己的进步，这才是我们一生中唯一重要的事情。

曾有很长时间，人们因为担心燃料煤用尽而感到绝望。但是后来我们又找到了新的替代能源——风能、水能，现在还有核能，这些能源比煤炭能量更加清洁、持久。如果有人告诉你人类将会因为资源耗竭而灭亡，那一定是在耸人听闻。

另外，分析一下我们感到很紧张的原因，担心自己喜欢的东西被人抢走、担心自己需要的东西有一天会用尽。但是想一想，真的是所有的人都在觊觎你喜欢的东西和需要的东西吗？其实每个人都有自己的追求。不是所有人都想要一辆宝马，不是所有人都喜欢你心目中的王子或公主，不是所有人都想要你看上的衣服。每个人的想法是不一样的，而且这个世界是包罗万象的，我们有太多可以选择的东西。

基督教和佛教都许诺为人们建立了一个理想的净土，在那里，有人们期待的一切快乐，同时避免了人们恐惧和烦恼的种种痛苦。正是为了这个彼岸的幸福,他们乐于在此生行善或者忍受。但斯多亚派哲学不同,它没有任何关于"彼岸"或"来生"的承诺,只是在自我德性的修养和提升中得到满足,对于斯多亚派哲学的学者来说,即使所有别人都不相信他们是过着一种简朴、谦虚和满足的生活,他们也决不对他们中的任何一个人感到愤怒,也不偏离那引到生命的终结的这条道路,他们循此而达到纯粹、宁静的境界,并没有任何强迫地完全安心于他的命运。

确实,如果在生活中有这样一个人,他具备高尚的品质和德行,这不是为了赢得别人的赞赏和长久的名声,也不期待这能够为他带来某些现实的利益,他只是对于自己品德高尚这一点而感到满足,感到不需要其他东西来填充自己的人生,那么他也一定能赢得人们的尊重。

卷三《世界上最神奇的24堂课》

第20课
学会心绪能量的转化

很多人在机会到来时满是畏惧和怀疑,这样的人在生活中不可能会有成就,因为他们害怕前进,只能停留在原地。相反,有的人对自己充满了自信,他们知道自己天生就是个胜利者、成功者,于是一步步迈向成功。

——《世界上最神奇的24堂课》

解开内心拧在一起的麻花

"要是……就好了!"很多人如此感叹。

很多人经常对已经发生的事情追悔莫及,这其实是一种很正常的现象,人多多少少都会有这样的体验。

安东尼·罗宾就经常以愉快的方式来结束每一天。他告诫我们说:"时光一去不返。每天都应尽力做完该做的事。疏忽和荒唐事在所难免,尽快忘掉它们。明天将是新的一天,应当重新开始,振作精神,不要使过去的错误成为未来的包袱。以悔恨来结束一天,实在是不明智之举。"

你想成为一个快乐的人吗?其中最重要的一点就是要学会将过去的错误、罪恶、过失全部忘记,然后坚定地向前看。只有忘记过去的事,努力向着未来的目标前进,才能使自己不断走向辉煌。

有位企业家做了一个错误的决定,这个决定让他蒙受了巨大的损失。在这之后,他拒绝承认自己的失误,拒绝接受不可避免的事实,结果,他失眠了好几夜,痛苦不堪,但问题一点也没解决。更严重的是,这件事还让他想起了以前很多细小的挫败,他在灰心失望中折磨自己。这种自虐的情形竟然持续了一年,直到他向一位心理专家求救后,才彻底从痛苦中解脱出来。

事实上,如果我们研究一下那些著名的企业家或政治家,就会发现,他们大多都能接受那些不可避免的事实,让自己保持平和的心态,过一种无忧无虑的生活。否则,他们中的大部分人被巨大的压力压垮。

有一句古老的犹太格言这样说:"对必然之事,轻快地加以接受。"在今天这个充满紧张、忧虑的世界,忙碌的你非常需要这句话。

所以,请接受不可避免的事实吧,然后以一种乐观的态度轻松地生活下去!

让结果来验证想法和做法

人类为了规范社会行为,制定了很多的规则。一旦有人违背了这套规则,就会为众人所不容,处处遭到别人的鄙夷和唾弃。条条大路通罗马,走向成功的路不可能只有一条。所以,当我们与众人的想法相违背的时候,不要害怕别人轻视的目光,而要努力实现自己的想法。只有这样,我们才有机会让事情发展的最后结果来证明我们是对还是错。对了,我们就可以向世人证明,我们最初的判断是正确的;错了,最起码我们知道了这条路是不可行的,也从中获得了成长的经验。

想法决定行动,思路引导实践,但是只有结果能够检验思路是正确的还是错误的。我们的感官认知往往存在片面性。因为每一个人在做出判断的时候,都会有一定的自我期待涵盖在里面,所以在推断结果的时候,一定会加入自己的主观意识,希望事情会朝着自己的想法而发展。但是事情的发展往往存在很多偶然因素,谁也没办法在事情结束之前就知道它是否还有转机的可能,所以单单依靠自己的推测来预期结果是不可靠的。

在现实中,很多事情都不像表面上的那么简单,生活总是会给我们意想不到的惊喜,所以我们不能只凭借主观上的判断来推测事情的结果,而应该将行动进行到底,让最终的结果来证实我们的想法是对还是错。

第 21 课
相信品行的魅力

人类历史上的诸多伟大成就,无不是恒心和毅力的结果,如埃及平原上宏伟的金字塔和耶路撒冷巍峨的庙堂、人类因为有了恒心和毅力,才有机会登上了气候恶劣、云雾缭绕的珠穆朗玛峰,在宽阔无边的大西洋上开辟了航道;正是因为有了恒心和毅力,人类才夷平了新大陆的各种障碍,建立起了人类居住的共同体。

——《世界上最神奇的24堂课》

你可以没有天赋,但绝不可以不勤奋

"我聪明,不用那么费力地学习,只有脑子笨的人才会一直捧着书本呢!"

"知道什么是天才吗？天才就是不用费劲地学习还是能取得好成绩的人！"

很多人认为，当一个人拥有了天才的头脑时，成功也就唾手可得，压根用不着勤奋了。事实并非如此。

米开朗琪罗这样评价另一位了不起的天才人物——拉斐尔："他是有史以来最美丽的灵魂之一，他的成就更多的是得自于他的勤奋，而不是他的天才。"当有人问拉斐尔怎么能创造出这么多奇迹一般完美的作品时，拉斐尔回答说："我在很小的时候就养成一个习惯，那就是从不要忽视任何事情。"这位艺术家去世的时候，整个罗马为之悲痛不已，罗马教皇利奥十世为之哭泣。拉斐尔终年38岁，但他竟留下了287幅油画作品，500多张素描。其中一些绘画作品每一张都价值连城。

或许你觉得这些离自己都太遥远：你并不是什么天才。正因为如此，才更需要加倍勤奋。拉斐尔具有如此高的天赋，尚且勤奋不息，更何况我们呢，倘若想攀登高峰，没有付出、没有勤奋、没有努力是万万也达不到的。

从现在开始，做一个勤奋的人！

卷三《世界上最神奇的24堂课》

高贵即品格

成为一个君主的先决条件是伟大、英勇、严肃庄重、坚韧不拔,综观世界历史,能做到这一点的君王有很多。不过使一个君主更容易受到崇敬的,是他具备的高尚品格:宽容、有礼、谦虚、刚毅、笃定、永不屈服。一个具备这些高贵品格的人,无论是君主,还是平民,他都将获得人类普遍的崇敬。神的产生正在于人们对高尚的向往,人们是尚美的动物,他们对一切的美好都不具备抗击能力。

南丁格尔舍弃了财富和舒适的生活,去追寻她心中深刻的需求。她被一种要去照顾千千万万人的使命所驱使,去分担他们在她身边即将死亡的时候所经受的绝望情绪和恐惧。最后她成为我们今天所熟悉、敬仰的"白衣天使之母"。

天主教神父达米安抛弃了文明社会的一切,献身于照顾夏威夷莫洛凯岛上的麻风病人,发扬了博爱的精神。他与教会的官僚体系奋战不止,为他的教区人士争取补给品,最后他自己也患了麻风病,死在他所爱的、和他一起生活的人群之中。

甘地将一生完全投入追求自由之中。他领导的

"非暴力不合作"运动终于使英国殖民地下的印度人摆脱了帝国主义的束缚。在总结自己的一生时,他说了一句颇有分量的话:"我的生平就是我的信息。"这些把个人力量化为爱的历史典范,都可以帮助我们辨认、欣赏那些在日常生活中存在的高尚性格。

有些人拥有出色的外貌、优雅的气质,但是所作所为常出人意料,缺乏爱心、不讲人道、挥金如土、冷漠无情,甚至做出伤害他人的行为。那么这样的人即便外表再高贵,内心也是肮脏的。

一个人的高贵不只需要外表,更重要的是内涵,因为只有充满高贵内涵的人才能显得高尚。我们都想自己时刻受到别人的尊重,为此不断增加自己的学识、本事,不断修饰自己的外表。但是,最重要的一点,就是让我们的品格趋于完美才行。性格温柔却软弱,性格刚强却顽固,因宽容而过分忍让,因嫉妒而狭隘,因不屈而倔强,这些都是不可忽视的性格缺陷。如果不能克服它们,我们同样会遭到别人的非议和攻击,同样会因某一方面的缺失而被人看不起。现在开始,修炼自己的品行,让自己的情操日渐高尚,把它当成我们一种至高的品位,在提高品位中找到乐趣。

卷三《世界上最神奇的24堂课》

第22课
积极的思想就是一切

成功就宛如一个最宽厚的长者,他爱惜每一个追求他的人,他丝毫不计较你具备或不具备某种特征或条件,他在意的只是你是否愿意去追求,并为之付出努力。所以,多看到人生的光明面,多一些积极的思想,你会发现成功也会愈加近。

——《世界上最神奇的24堂课》

想掌控未来,就要对未来有所预见

"除了事实之外,再也没有权威,而事实来自正确的认知,预见只能由认知而来。"一个想掌控未来的人,就应该对自己的未来有所预见,否则,只会陷入眼前的困惑中,想不开,走不出,不仅会减缓成功的速度,也容易多走弯路,甚至遭遇险情。

　　培养自己预见未来的能力,要先从培养细致准确的观察力和超前思考的能力入手。众多杰出人士的共同点就是善于观察和思考,通过这两项能力,他们才能看到别人看不到的前方,才能高瞻远瞩地看清时代的发展方向。他们的思维总是超前的,所以他们能够引领时代的潮流。

　　生活中,那些对自己的未来没有预见的人,往往会被眼前的利益所蒙蔽,看不到远方的危险。所以,要学会高瞻远瞩,培养自己预见未来的能力,拥有开阔的眼界,只有这样才能拓宽人生的平台,找到最合适自己的路。

　　在预见未来的时候,人非常容易犯想当然的错误,许多认识上的错误都是想当然造成的。事实上,貌似理所当然的事情往往并非必然,这是因为世界上的事物是错综复杂的,一个条件可得出多种结果,一果亦可能多因,影响事物变化发展的,除了必然性,还有偶然性。

　　想当然的猜测不是科学的预见,它会将我们的人生规划和行动引向歧途,所以我们要尽力减少想当然的错误,时时提醒自己不要轻易下结论,时时问自己:"我的判断充分吗?我的预测合理吗?"只有这样,才能作出理性的判断和有价值的预见。

谁敷衍生命,生命就敷衍谁

你能登上多高的山峰,取决于你的心能接受多高的海拔。很多人在去西藏旅行的时候,会有高原反应,那些自认为身体虚弱的人反应格外强烈——有时候你自己觉得该头晕、不适了,就会真的头晕不适,一个人的态度,对他自己的身体有着一种难以解释的控制力。

美国曾有一位年轻的铁路邮递员,和其他邮递员一样,也用陈旧的方法干着分发信件的工作。大部分的信件都是凭这些邮递员用不太准确的记忆来分类发送的,因此,许多信件往往会因为记忆出现差错而被耽误几天,甚至几个星期。很多人对此不以为然,认为这是邮递过程中允许的失误,但是这位年轻的邮递员却不敢苟同,他开始寻找新办法来减少这个误差。

"嗨,我说,你干吗要想这些事情。你的薪水会因此而提高吗？我们不过是送信跑腿的人，干吗这么较真呢？"他的同事几次问他。看到这个小伙子蹲在地上思考，很多人开始笑话他："我们伟大的邮递员要改变地球！"他也跟着傻笑，但是从来没有放弃找方法。

其实，方法也并不像发明一个人造卫星那么困难：他把寄往某一地点的信件统一汇集起来，这样就容易多了。"天哪，这么简单？"可能有人会问，是的，就是这么简单。这位邮递员就是西奥多·韦尔，就是这一件看起来很简单的事，成了他一生中意义深远的事情。他的图表和计划吸引了上司的注意。没多久，他就获得了升迁的机会。5年以后，他成了铁路邮政总局的副局长，不久又被升为局长，后来成为美国电话电报公司总经理。

从西奥多·韦尔的例子中，我们可以看出，再微不足道的工作，只要用心去做，就会有回报，而以认真负责的态度走好每一步，就能拥有一个不一样的人生。

死囚死于并不存在的恐惧，如果他认真地感受一下自己的肢体，就能发现自己一滴血也没有流。西奥多·韦尔得益于自己的创意，他只是比别人想得多那么一点点,认真那么一点点,就改变了人生。看似两件不相干的事情,其实它们都是在说明人体内的一种强大的力量态度。

如果你对自己的生活采取一种敷衍的态度,那么生活也会敷衍你;如果你以一种积极认真的态度去对待它,那么它也会让你大有收获,并助你登上人生更高的山峰。

第23课
你所得到的,都是你所关注的

很多时候,我们的内心是不和谐、不满足的,外在有很多的苦难我们无法消解,但内在的世界中,我们有绝对的权力选择快乐,就像安徒生选择在创作中抒发自己改变世界、实现美好生活的愿望一样。快不快乐,完全是由自己的想法决定。

——《世界上最神奇的24堂课》

伟大的自然规律:吸引力法则

不论天晴下雨,太阳每天都在东升西落;不论花草树木,种子的孕育都要经历开花结果;不论肤色地域,人的成长都会有生、老、病、死……这些都是我们熟知的自然规律,人类通过一代一代地研究才总结出这些规律,让后人来学习和利用,以便自己的生活更加自如。

但是,还有很多的同样恒定的法则我们并不了解,它每天像万有引力定律一样影响着我们的生活,左右着正在发生的一切事情,可我们却浑然不觉,吸引力法则就是其中之一。

在莎士比亚的作品中、贝多芬的音乐中、达·芬奇的画作中、苏格拉底及柏拉图的哲学思考中,都有吸引力法则的身影;在佛教、基督教、犹太教、印度教等的古老宗教里面,吸引力法则也以不同的文字和故事出现;甚至在有五千多年历史的古老经文中,也有关于它的语言!

吸引力法则在人类还没有意识到它以前就已经存在了,而在有记载的历史里,以及现在、今后和遥远的未来里,它都会一直存在,并且发挥作用。

你心里最关注什么,什么就更容易来到你的生活中。这就是吸引力法则。

世间有很多事情都是遵循这一法则的。可能你会想:这世上的每个人都会希望自己拥有健康、财富及充实的生活,但为什么真正实现的却没有几个?

的确如此,很多人想要成为更好的自己,也在努力地行动,但却一再受挫。难道,吸引力法则有时候也会失效吗?事实并非如此。如果我们真的专注于某事,那它发生的概率一定会大大提高。而很多人之所以没有过上他们"希望"的美好生活,恰恰是因为他们不是专注于拥有这些事物,而是专注于没有这些事物上。

诚如智者所传达的那样,你最关注的事情,总是会在你的生活中体现。吸引力的法则,不会因为你是王子还是贫民、是智者还是凡人而改变。

两个人从比萨斜塔上跳下,不论他们其中谁是好人谁是坏人,都会落向地面;同样,当我们在心中有某种意念的时候,无论是好的还是坏的,它都会在我们的周围出现。

成功,是因为志在成功

历史上有很多杰出的人物,他们也知道秘密法则的核心思想,比如伟大的军事家拿破仑,他曾说:"我成功,是因为我志在成功。"

身高不足1.6米的拿破仑能够成为改写欧洲历史的人物，并让大不列颠及北爱尔兰联合王国维多利亚女王的王子"在伟大的拿破仑墓前下跪"，正是因为他志在成功的性格。

俄国著名的文学家高尔基曾把意志的薄弱和信心的缺乏称为"人最凶恶的敌人"，很多成功人士在回忆的时候说，在奋斗之初，他们就相信他们总有一天会成功，于是便抱着"我就要登上巅峰"的积极态度来进行学习和工作，最终凭着坚强的信心达到了目标。美国第四十届总统——罗纳德·里根就是深谙此诀窍的人。

里根早年是一个演员，但他却立志要当总统。从22~54岁，里根从电台体育播音员到好莱坞电影明星，整个青年和中年的岁月都活跃在文艺圈，对于政治他是完全陌生的，于是就更谈不上什么经验了。这一现实，几乎成为里根涉足政坛的一大拦路虎。然而，当机会来临，共和党内保守派、一些富豪们竭力怂恿他竞选加州州长时，里根毅然决定放弃大半辈子赖以为生的影视职业，决心开辟人生的新领域。

就在里根如愿以偿当上州长问鼎白宫之时，曾与竞争对手卡特举行过长达几十分钟的电视辩论。面对摄像机,里根发挥出淋漓尽致的表演效果,时而微笑,时而妙语连珠,在亿万选民面前完全凭着当演员的本领,占尽上风。相比之下,从政时间虽长,但缺少表演经历的卡特却相形见绌。

一个是初出茅庐但英气逼人,一个是熟稔政治但毫无激情,选民们自然将自己手中的一票投给了那位志在必得的人。

英国文学家萧伯纳揭示了成就拿破仑、里根等人的秘密:志在必得的信心使一个人得以征服他相信可以征服的东西。假如你也想和那些成功者一样做一番事业,先问问自己是否拥有他们这种志在成功的信心和士气。

第 24 课
你对了,整个世界都对了

谁都不是单独生活在社会中的个体。在生活中,我们难免会形成这样或者那样的关系,比如师生关系、父子关系、朋友关系、同事关系,这些关系的背后,就是在说明我的人生是和怎样的人度过的。亲人父母不能选择,但朋友却都是我们自己选择的。选择朋友的眼光,就是你自己的人生标准。
——《世界上最神奇的24堂课》

所有的问题只有一个根源——内心

如果你的生活总是充满令人失望的事情,如果你每次的尝试都以失败告终,如果你周围的人不能对你以笑脸相迎,如果你付出的真心没有得到理解和回应,这不是别人的问题,而是你自己的问题。因为,我们相信一切问题都可以从内心中找到根源。

最简单的例子是,一个人周围的朋友很糟糕,那说明在他的内心世界里,也没有什么美好的标准,不然他是无法忍受放任自流的生活的;同样,如果你的状态一直不好,你一直以为是"天时、地利、人和"中的哪一点出了问题,那也一定是你的内心出了问题,你没有给自己一个重新开始的良好契机;如果你周围的人总是针对你,你的进步没有得到肯定,你想换一个环境重新开始,通常的情况是你很难重新开始,因为你心里面的问题还在。

内心就是这样重要,决定了我们生活的质量和人生的档次。

很多人希望从名人的身上找到能够复制的成功,为此,创业家比尔·盖茨毫不吝啬地给出了他自己的"人生公式":财富=正确的想法+足够的时间。

这样的人生秘诀让每一个希望得到成功指引的人都觉得莫名其妙。人们可能会想:成功应该靠的是机遇、运气、智慧或者还有其他更加神圣的因素。怎么可能单单凭借想法和时间就能够获得成功呢?

其实,要想撬起世界,它的最佳支点不是整个地球,不是一个国家、一个民族,也不是别人,而只能是自己的心灵。

明白自己想要的,然后初衷不改

美国政治家亨利·克莱曾经说过:"遇到重要的事情,我不知道别人会有什么反应,但我每次都会投入其中,根本不会注意身外的世界。那一时刻,时间、环境、周围的人,我都感觉不到他们的存在。"

一位著名的金融家也有一句名言:"一个银行要想赢得巨大的成功,唯一的可能就是,它雇了一个做梦都想把银行经营好的人作总裁。"原来是枯燥无味、毫无乐趣的职业,一旦投入了热情,立刻会呈现出新的意义。

被热忱驱动的年轻人,他感觉不到疲劳,心灵也会因之变得敏锐,可以在别人看不到的地方发现动人的美丽,这样,即使再乏味的学习、再艰难的挑战,都可以坚韧地承受下来。

有人认为"成功""潜能"这些充满诱惑力的字眼都是属于那些资质好的人,但其实每一个孩子身上或多或少都有一些将来可以成就大器的潜质,不仅那些反应敏捷、聪明伶俐的孩子是这样,那些相对木讷、甚至看起来有些愚钝的孩子也有这样的潜质。他们一旦产生了热忱,凭借这种热忱的力量,原先人们在他们身上看到的"愚钝"也会慢慢消失。

每个人都蕴藏着巨大的力量,当你醉心于一样事物的时候,你能清楚地感受到热忱带给你的强大力量,而恒心、坚持,能让这样的力量持续下来,最终变成你走向辉煌的成果的一个强大助手。

对年轻人而言,可能你有很多个机会调整自己的人生目标,可能你对未知的世界充满了强大的好奇心,但你要知道,大学问家都是慢慢积累而成的,人生的成就也是如此。如果你今天想当一个飞行员,明天又想做一个地质学家,后天还想去考古探险,可能你每时每刻都热情极了,但等到别人都已经学有所成的时候,你才发现自己什么都是一知半解。想要从头再来,却没有勇气了。

年轻的时候不懂得坚持,明白人生需要坚持的时候你已经不再年轻,这样的悲剧每天都在发生。所以,当你明白自己想要的是什么的时候,就一定要坚持下来,初心不改。

卷三《世界上最神奇的24堂课》

后 记

就知识本身来讲,它是无生命的。若不被应用的话,知识是没有价值的。如果没有人的参与,知识就像荒废的土地一样,不起任何作用,产生不了任何价值。只有人类将其付诸应用,知识才能具有生命的力量,焕发出青春。

所谓应用就是用充满生机的目标去浇灌思想之树,使之茁壮茂盛。因此,知识不过是个工具,而有思想的人才是真正的主体。

有多少人在终日奔波中,匆匆地、忙碌地度过他们的一生。如此身心疲惫,却做不出任何的成就。

为什么会这样呢?那是因为他们的努力漫无目的、毫无方向,他们只是在浪费生命,浪费想法和精力,所做的都是些无用功。他们倘若能够朝着远景中的某些特定的目标努力的话,那么结果就会截然不同,也能够创造出奇迹。

这就是我们把本书呈献给读者朋友的主要理由。

本书收录了三位大师的著作,他们是拉尔夫·沃尔多·川恩、华莱士·D.沃特斯、查尔斯·哈奈尔。这三位大师都是影响力巨大的畅销书作者,他们的著作不但都有着几十年的畅销史、几百万的销售量,而且在今天这个互联网的时代,他们的生平、思想和著作已经被有心人专门做成了个人网站来进行宣传。三位大师的著作都旨在探讨运用精神的力量和法则来寻求财富、健康和成功人生的秘密。

人的潜能开发是世界上不同文化普遍关注的问题。潜能开发的理论和手段可以说是形形色色、各有千秋。西方的如吸引力法则,东方的如印度瑜伽、中医养生等。虽然有人对它们不屑一顾,但也一定存在着合理成分和科学精华,存在着某些我们今天还无法揭示的规律。三位大师的著作或许可以给我们一些提示,去解读和发现这些规律,让自己的人生更完美。

《秘密》教导我们要有健康的身心,要坚持信念,从而拥有巨大的财富和人生的幸福;《失落的致富经典》预言了精神的力量,还给出了将精神力量转化成人类行动和行为的具体方法;《世界上最神奇的24堂课》向我们展示了继往开来的理念和方法、先锋的思想和强调开发内在精神力量的观念，并提供了许多具有操作性的心灵训练方法。

在工作节奏日益加快、生存竞争日趋激烈的今天，三位大师的著作不啻为有利于人们潜质发掘乃至身心健康的医方良药。

因此，亲爱的朋友们，千万别把本书当作一种消遣来读，它实际上是一本实用的人生指南。在本书中，我们不会和你讨论抽象的理论，而是为那些渴望着人生幸福或对幸福有执著追求的人指出一条准确的人生之路。

生活将时光分割成碎片，
我们用阅读将之弥合，
使之缓缓流过，停驻或成永恒